Peter Dörsam

Mathematik

in den Wirtschaftswissenschaften

Aufgabensammlung mit Lösungen

Über 170 grundlegende Klausuraufgaben
mit ausführlichen Lösungsvorschlägen

9. überarbeitete und erweiterte Auflage

PD-Verlag Heidenau

> **Bibliografische Information Der Deutschen Bibliothek**
> Die Deutsche Bibliothek verzeichnet diese Publikation in der
> Deutschen Nationalbibliografie; detaillierte bibliografische
> Daten sind im Internet über http://dnb.ddb.de abrufbar.

1. Auflage Januar 1995 (ISBN 3-930737-10-8)
2. überarbeitete Auflage Oktober 1995 (ISBN 3-930737-12-4)
3. überarbeitete und erweiterte Auflage November 1996 (ISBN 3-930737-13-2)
4. überarbeitete und erweiterte Auflage April 1998 (ISBN 3-930737-14-0)
5. überarbeitete Auflage März 2000, 15. - 17. Tausend (ISBN 3-930737-15-9)
6. überarbeitete und erw. Auflage April 2001, 18. - 22. Tausend (ISBN 3-930737-16-7)
7. überarbeitete und erw. Auflage Januar 2003, 23. - 28. Tausend (ISBN 3-930737-17-5)
8. überarbeitete und erweiterte Auflage 2005, 29. - 36. Tausend (ISBN 3-930737-18-3)
9. überarbeitete und erweiterte Auflage 2008, 37. - 45. Tausend

© 1995 - 2008 PD-Verlag, Everstorfer Str.19, 21258 Heidenau,
Tel. 04182/401037, FAX: 04182/401038
http://www.pd-verlag.de, e-mail: mail@pd-verlag.de
Druck: CPI books GmbH, Leck

Das Werk, einschließlich aller Abbildungen, ist urheberrechtlich geschützt. Jede Verwertung außerhalb der Grenzen des Urhebergesetzes ist ohne Zustimmung des Verlages unzulässig und strafbar.

ISBN 978-3-86707-109-3

Vorwort

In der 3. Auflage wurden einige Aufgaben ergänzt, und es wurde ein Abschnitt zur linearen Optimierung aufgenommen. In der 4. Auflage wurden nochmals neue Aufgaben zu verschiedenen Gebieten hinzugefügt. Außerdem wurde die Hauptstruktur der Gliederung an den Titel "Mathematik – anschaulich dargestellt – für Studierende der Wirtschaftswissenschaften" angeglichen. In der 5. und 6. Auflage wurden einige Fehler behoben und einige Aufgaben ergänzt bzw. ausgetauscht. In der 7. Auflage wurden insbesondere im Bereich der Analysis Aufgaben hinzugefügt. Im 5. Kapitel wurde zudem die Gliederung weiter unterteilt. Bei der 8. Auflage wurden in zahlreichen Abschnitten Aufgaben ergänzt. Neu ist das letzte Kapitel, dieses enthält einige Aufgaben zur Aussagenlogik und zu Mengen.

Bei der vorliegenden 9. Auflage wurden wiederum Aufgaben ergänzt. Hierbei handelt es sich insbesondere um Aufgaben zu Folgen und Reihen, Eigenwerten und zur Integration (Flächenberechnung, Doppelintegrale). Weiterhin wurde die Gliederung in Kapitel 2 und 3 an mein Lehrbuch angeglichen.

Die angeführten Aufgaben sollten keinesfalls so begriffen werden, dass man sich einfach nur die Lösungen anschaut. Ein wirklich nachhaltiger Lerneffekt wird sich nur einstellen, wenn man zuerst versucht, die Aufgaben selbst zu lösen. Erst wenn man an einer Stelle längere Zeit nicht weiterkommt, sollte man sich die Lösungsvorschläge anschauen.

Die Lösungsvorschläge sind meistens sehr ausführlich, so ausführlich brauchen die Aufgaben in der Regel in den Klausuren nicht gelöst zu werden – und es sind natürlich nur Lösungsvorschläge. Häufig lassen sich die Aufgaben auch anders lösen, und wer meint, andere Verfahren als die hier benutzten besser zu beherrschen, sollte diese anwenden. Allerdings ist darauf zu achten, dass bisweilen in den Klausuren bestimmte Lösungsverfahren gefordert werden. So wird z.B. bei Linearen Gleichungssystemen häufig gefordert, dass diese mit dem Gauß-Algorithmus gelöst werden sollen.

Trotz aller Sorgfalt können sich Fehler eingeschlichen haben – für entsprechende Hinweise bin ich jederzeit dankbar.

Eine anschauliche Darstellung des Stoffes findet sich in meinem Buch "Mathematik – anschaulich dargestellt – für Studierende der Wirtschaftswissenschaften".

Vielen Dank an dieser Stelle an Matthias Brückner, Malte Claußen, Renate Dörsam, Oliver Krohne, Jessica Resch, Thomas Rilling und Michael Wachtendunk für die Durchsicht und Hinweise zur Verbesserung.

Vielen Dank auch an alle Studierenden aus meinen Mathekursen, die mir Hinweise auf Fehler oder Verbesserungsvorschläge gaben.

Peter Dörsam

Inhaltsverzeichnis

1 Lineare Algebra — 7
  1.1 Matrizen-Multiplikation — 7
  1.2 Formale Auflösung von Matrizen-Gleichungen — 16
  1.3 Lineare Abhängigkeit — 24
  1.4 Vektorräume — 28
  1.5 Determinanten, Rang, Inverse — 42
  1.6 Lineare Gleichungssysteme (Gauß-Algorithmus) — 57
  1.7 Weitere Aufgaben der linearen Algebra — 68
  1.8 Lineare Optimierung — 72
  1.9 Eigenwerte — 84

2 Folgen und Reihen — 92

3 Differentialrechnung einer Veränderlichen — 96
  3.1 Grenzwerte — 96
  3.2 Funktionen und Ableitungen — 105
  3.3 Bestimmung von Extremwerten — 113

4 Integralrechnung — 130

5 Differentialrechnung mehrerer Veränderlicher — 145
  5.1 Grundlagen zu Funktionen mehrerer Veränderlicher — 145
  5.2 Partielle Ableitungen — 147
  5.3 Extremwerte von Funktionen mit mehreren Variablen — 150
  5.4 Lagrangemethode — 157
  5.5 Totales Differential — 168
  5.6 Abbildungen in den $\mathbb{R}^n$ — 170
  5.7 Integralrechnung im $\mathbb{R}^n$ — 173

6 Differentialgleichungen — 175

7 Finanzmathematik — 182

8 Aussagenlogik und Mengen — 186

Index — 190

1 Lineare Algebra

1.1 Matrizen-Multiplikation

1.1.A Gegeben sind die Matrizen:

$$A = \begin{pmatrix} 1 & 2 \\ 0 & 0 \\ 1 & 3 \end{pmatrix} \qquad B = \begin{pmatrix} 2 & 1 \\ 0 & 1 \\ 1 & 0 \end{pmatrix} \qquad C = \begin{pmatrix} 1 \\ 2 \\ 3 \end{pmatrix}$$

Berechnen Sie $A * B^T * C$ und $B * A^T * C$.

1.1.B Ein Betrieb stellt zwei Typen von Endprodukten E_1 und E_2 aus vier verschiedenen Zwischenprodukten Z_1, Z_2, Z_3, Z_4 her. Die Zwischenprodukte werden aus den drei Rohstoffen R_1, R_2, R_3 gefertigt. Die Produktionskoeffizienten sind in den Tabellen A und B zusammengestellt:

A	Z_1	Z_2	Z_3	Z_4
R_1	1	5	3	0
R_2	4	8	0	9
R_3	0	3	6	5

B	E_1	E_2
Z_1	4	7
Z_2	3	1
Z_3	2	5
Z_4	8	3

Sie geben an, wie viele Einheiten eines Rohstoffes zur Herstellung einer Zwischenprodukteinheit und wie viele Einheiten eines Zwischenproduktes zur Herstellung einer Endprodukteinheit benötigt werden. Bestimmen Sie mit Hilfe der Matrizenrechnung für jede Endprodukteinheit von E_1, E_2 die zugehörige Anzahl der verschiedenen erforderlichen Rohstoffeinheiten.

1.1.C Gegeben seien die Matrizen

$$A = \begin{pmatrix} 1 & -1 & 2 \\ 0 & 3 & 4 \end{pmatrix} \qquad B = \begin{pmatrix} 2 \\ -1 \\ 3 \end{pmatrix}$$

Berechnen Sie $A * B * B^T$ und $A * A^T * A$.

1.1.D Gegeben sind der Vektor $x^T = (1, 1, 3)$ und die Matrix $M = \begin{pmatrix} 1 & 1 & 2 \\ 1 & 2 & 1 \\ 2 & 1 & 1 \end{pmatrix}$

Berechnen Sie die Produkte $x^T M$, Mx, $x^T M^2 x$, und $M x x^T M$.

1.1.E Ein Betrieb stellt drei Erzeugnisse her, die auf vier Maschinen bearbeitet werden. Die Maschinenzeit je Erzeugniseinheit und die Produktionsmenge sind der folgenden Tabelle zu entnehmen:

Maschinen	Maschinenzeit je Einheit des Erzeugnisses, (ZE/ME)		
	1	2	3
1	3	7	2
2	1	4	3
3	2	3	5
4	6	1	4
Produktions- menge (ME)	x_1	x_2	x_3

= A (bezieht sich auf die Maschinenzeit-Matrix)

Berechnen und interpretieren Sie die folgenden Größen.
Dabei ist x in b) und c) gegeben durch $x = (x_1, x_2, x_3) = (100, 30, 150)$
a) $(1\ 1\ 1\ 1) * A$
b) $A * x^T$
c) $(1\ 1\ 1\ 1) * A * x^T$

1.1.F Welche Wirkung hat die Matrix

$E_{13}(5) = \begin{pmatrix} 1 & 0 & 5 \\ 0 & 1 & 0 \\ 0 & 0 & 1 \end{pmatrix}$ auf die Matrix $A = \begin{pmatrix} a_{11} & a_{12} & a_{13} \\ a_{21} & a_{22} & a_{23} \\ a_{31} & a_{32} & a_{33} \end{pmatrix}$

, wenn A von a) links, b) rechts mit $E_{13}(5)$ multipliziert wird.

1.1.G Die beiden (3,3) Matrizen A=(a_{ij}), B=(b_{ij}) i,j = 1,2,3, seien durch $a_{ij} = i^2 - j$, $b_{ij} = i - j^2$ definiert.

Geben Sie A und B explizit an, und berechnen Sie

$A + B^T$, AA^T, und B^TB.

1.1.H Gegeben seien die Matrizen
$$U = \begin{pmatrix} 0 & 0 & 1 & 2 \\ 3 & 0 & 0 & 1 \\ 2 & 3 & 0 & 0 \\ 1 & 2 & 3 & 0 \end{pmatrix}$$

$V^T = (-2, 0, 2, 3)$ und $W^T = (1, -1, 1, -1)$

Berechnen Sie a) W^TUV b) V^TU^TW und c) VW^T

1.1.I Gegeben seien die Matrizen
$$A = \begin{pmatrix} 1 & 3 \\ 5 & 3 \end{pmatrix} \quad \text{und} \quad B = \begin{pmatrix} 1 & 0 & 3 \\ 0 & 2 & 0 \end{pmatrix}$$

Es seien X und E (2, 2)-Matrizen, wobei E die Einheitsmatrix ist. Berechnen Sie f(A) für $f(X) = X^2 - 4X - 12E$ und $(AB)^T - B^TA$

Lösungsvorschläge zu 1.1:

1.1.A Die Berechnungen erfolgen nach dem Falkschen Schema; da das Matrizenprodukt assoziativ ist, ist es egal, ob zuerst das erste oder das zweite Produkt berechnet wird (die Reihenfolge muss allerdings beachtet werden). Im Folgenden wird jeweils das erste Produkt zuerst berechnet. Das Ergebnis der ersten Multiplikation wird dann mit der dritten Matrix multipliziert.

$$
\begin{array}{cc|ccc|c}
& & \multicolumn{3}{c|}{B^T} & C \\
& & & & & 1 \\
& & 2 & 0 & 1 & 2 \\
& & 1 & 1 & 0 & 3 \\
\hline
& 1\ 2 & 4 & 2 & 1 & 11 \\
A & 0\ 0 & 0 & 0 & 0 & 0 \\
& 1\ 3 & 5 & 3 & 1 & 14 \\
\end{array} \quad = A * B^T * C
$$

$$
\begin{array}{cc|ccc|c}
& & & & & 1 \\
& & 1 & 0 & 1 & 2 \\
& & 2 & 0 & 3 & 3 \\
\hline
& 2\ 1 & 4 & 0 & 5 & 19 \\
& 0\ 1 & 2 & 0 & 3 & 11 \\
& 1\ 0 & 1 & 0 & 1 & 4 \\
\end{array} \quad = B * A^T * C
$$

1.1.B Hier müssen einfach die beiden Matrizen miteinander multipliziert werden.

$$A * B = \begin{pmatrix} 25 & 27 \\ 112 & 63 \\ 61 & 48 \end{pmatrix}$$

Diese Matrix ergibt in Tabellenform:

	E_1	E_2
R_1	25	27
R_2	112	63
R_3	61	48

Die Werte in der Tabelle geben an, wieviel Einheiten des jeweiligen Rohstoffes für das jeweilige Endprodukt benötigt werden.

1.1.C

		2			
		−1			
		3	2 −1	3	
1 −1	2	9	18 −9	27	
0 3	4	9	18 −9	27	= A ∗ B ∗ B^T

		1	0			
		−1	3	1 −1	2	
		2	4	0 3	4	
1 −1	2	6	5	6 9	32	
0 3	4	5	25	5 70	110	= A ∗ A^T ∗ A

1.1.D Es ergibt sich:

			1	1	2	
			1	2	1	
			2	1	1	
1	1	3	(8	6	6)	= x^{T}M

			1	
			1	
			3	
1	1	2	(8)	
1	2	1	(6)	= Mx
2	1	1	(6)	

Bei den nachfolgenden Berechnungen werden die Terme zunächst umgeformt. Mittels der zuvor berechneten Ausdrücke kann die Rechnung dann vereinfacht werden.

$x^TM^2x = x^TMMx = (x^TM)(Mx)$ (denn es gilt das Assoziativgesetz)

				8	
⇒				6	Mx
				6	
x^{T}M	8	6	6	64 + 36 + 36 = **136** = x^{T}M^{2}x

$Mxx^TM = (Mx)(x^TM)$

$$\begin{array}{c|ccc} & & x^TM & \\ & 8 & 6 & 6 \\ \hline 8 & 64 & 48 & 48 \\ Mx \quad 6 & 48 & 36 & 36 \\ 6 & 48 & 36 & 36 \end{array} = Mxx^TM$$

1.1.E

$$\begin{array}{cccc|ccc} & & & & 3 & 7 & 2 \\ & & & & 1 & 4 & 3 \\ & & & & 2 & 3 & 5 \\ & & & & 6 & 1 & 4 \\ \hline 1 & 1 & 1 & 1 & (12 & 15 & 14) \end{array} = (1\ 1\ 1\ 1) * A$$

Für die einzelnen Erzeugnisse werden die Maschinenlaufzeiten der verschiedenen Maschinen, jeweils für die Produktion eines Erzeugnisses, addiert. Der Ergebnisvektor gibt also an, wieviel Maschinenlaufzeit, auf allen Maschinen zusammen, das jeweilige Erzeugnis benötigt. Für die Produktion des zweiten Erzeugnisses werden z. B. insgesamt 15 Maschinenstunden benötigt.

b) $A * x^T$:

$$\begin{array}{ccc|c} & & & 100 \\ & & & 30 \\ & & & 150 \\ \hline 3 & 7 & 2 & 810 \\ 1 & 4 & 3 & 670 \\ 2 & 3 & 5 & 1040 \\ 6 & 1 & 4 & 1230 \end{array}$$

Für die einzelnen Machinen werden die Maschinenlaufzeiten für die verschiedenen Produkte addiert. Es ergibt sich die bei der gegebenen Produktionsmenge insgesamt erforderliche Maschinenlaufzeit für die jeweilige Maschine.

c) $(1\ 1\ 1\ 1) * A * x^T = (1\ 1\ 1\ 1) * (A * x^T)$

$(A * x^T)$ wurde zuvor bereits berechnet, somit ergibt sich:

				810
				670
				1040
				1230
1	1	1	1	3750

Die Maschinenlaufzeiten der einzelnen Maschinen werden addiert, somit ergibt sich die Laufzeit aller Maschinen zusammen bei der gegebenen Produktionsmenge.

1.1.F $E_{13}(5)$ ist die Einheitsmatrix, bei der in der ersten Zeile und dritten Spalte die Null durch eine 5 ersetzt wurde.

a) A soll von links mit $E_{13}(5)$ multipliziert werden, also ist $E_{13}(5) * A$ zu berechnen.

			a_{11}	a_{12}	a_{13}
			a_{21}	a_{22}	a_{23}
			a_{31}	a_{32}	a_{33}
1	0	5	$a_{11}+5a_{31}$	$a_{12}+5a_{32}$	$a_{13}+5a_{33}$
0	1	0	a_{21}	a_{22}	a_{23}
0	0	1	a_{31}	a_{32}	a_{33}

Es wird also gerade zur ersten Zeile jeweils das 5-fache der 3. Zeile addiert.

b) Analog zu a) ergibt sich, dass jeweils zur dritten Spalte das 5-fache der 1. Spalte addiert wird.

1.1.G Hier sollen zunächst die Matrizen explizit angegeben werden. Dies bedeutet, dass die Elemente (a_{11}.......a_{33}) gemäß der gegebenen Definition berechnet werden müssen.

$a_{ij} = i^2 - j$ ergibt: $a_{11} = 1^2 - 1 = 0$, $a_{12} = 1^2 - 2 = -1$ usw.

Insgesamt ergibt sich:

$$A = \begin{pmatrix} 0 & -1 & -2 \\ 3 & 2 & 1 \\ 8 & 7 & 6 \end{pmatrix} \quad \text{und} \quad B = \begin{pmatrix} 0 & -3 & -8 \\ 1 & -2 & -7 \\ 2 & -1 & -6 \end{pmatrix}$$

$\Rightarrow A + B^T = 0$,denn für die Matrizen gilt $A = -B^T$

$$AA^T \quad \begin{array}{|ccc} 0 & 3 & 8 \\ -1 & 2 & 7 \\ -2 & 1 & 6 \end{array}$$

$$\begin{array}{ccc|} 0 & -1 & -2 \\ 3 & 2 & 1 \\ 8 & 7 & 6 \end{array} \begin{pmatrix} 5 & -4 & -19 \\ -4 & 14 & 44 \\ -19 & 44 & 149 \end{pmatrix} = AA^T$$

$B^T B$ kann genauso wie zuvor berechnet werden, es geht aber auch einfacher, denn es gilt:

$$B^T B = (-A)(-A^T) = AA^T = \begin{pmatrix} 5 & -4 & -19 \\ -4 & 14 & 44 \\ -19 & 44 & 149 \end{pmatrix}$$

1.1.H a)

$$\begin{array}{cccc|cccc|c} & & & & 0 & 0 & 1 & 2 & -2 \\ & & & & 3 & 0 & 0 & 1 & 0 \\ & & & & 2 & 3 & 0 & 0 & 2 \\ & & & & 1 & 2 & 3 & 0 & 3 \\ \hline 1 & -1 & 1 & -1 & -2 & 1 & -2 & 1 & 3 \end{array} = W^T * U * V$$

b)

$$\begin{array}{cccc|cccc|c} & & & & 0 & 3 & 2 & 1 & 1 \\ & & & & 0 & 0 & 3 & 2 & -1 \\ & & & & 1 & 0 & 0 & 3 & 1 \\ & & & & 2 & 1 & 0 & 0 & -1 \\ \hline -2 & 0 & 2 & 3 & 8 & -3 & -4 & 4 & 3 \end{array} = V^T * U^T * W$$

Alternativ hätte man mittels des Ergebnisses aus a) auch folgende Rechnung durchführen können:

$$3^T = (W^T * U * V)^T = V^T * (W^T * U)^T = V^T * U^T * W$$

Also: $V^T * U^T * W = 3^T = 3$

c)

$$VW^T \quad \begin{array}{c|cccc} & 1 & -1 & 1 & -1 \\ \hline -2 & -2 & 2 & -2 & 2 \\ 0 & 0 & 0 & 0 & 0 \\ 2 & 2 & -2 & 2 & -2 \\ 3 & 3 & -3 & 3 & -3 \end{array}$$

1.1.I $f(A) = A^2 - 4A - 12E$

$$f(A) = \begin{pmatrix} 1 & 3 \\ 5 & 3 \end{pmatrix}^2 - 4 * \begin{pmatrix} 1 & 3 \\ 5 & 3 \end{pmatrix} - 12 * \begin{pmatrix} 1 & 0 \\ 0 & 1 \end{pmatrix}$$

		1	3
		5	3
1	3	16	12
5	3	20	24

$= A^2$

$$\Rightarrow \begin{pmatrix} 16 & 12 \\ 20 & 24 \end{pmatrix} - \begin{pmatrix} 4 & 12 \\ 20 & 12 \end{pmatrix} - \begin{pmatrix} 12 & 0 \\ 0 & 12 \end{pmatrix} = \begin{pmatrix} 0 & 0 \\ 0 & 0 \end{pmatrix}$$

		1	0	3
		0	2	0
1	3	1	6	3
5	3	5	6	15

$= A * B$

		1	3
		5	3
1	0	1	3
0	2	10	6
3	0	3	9

$= B^T * A$

$$(AB)^T - B^T A = \begin{pmatrix} 1 & 5 \\ 6 & 6 \\ 3 & 15 \end{pmatrix} - \begin{pmatrix} 1 & 3 \\ 10 & 6 \\ 3 & 9 \end{pmatrix} = \begin{pmatrix} 0 & 2 \\ -4 & 0 \\ 0 & 6 \end{pmatrix}$$

1.2 Formale Auflösung von Matrizen-Gleichungen

1.2.A Es seien A, B und X (n, n)-Matrizen, wobei A und B nichtsingulär sind. Lösen Sie die folgende Gleichung nach X auf:

$A(X + B) = BX$.

1.2.B Es seien A, B, X und E (n, n) - Matrizen, wobei E die Einheitsmatrix ist. Lösen Sie formal die Matrixgleichung
$AX + X = B(E - X)$ nach X auf.

1.2.C Lösen Sie die Matrizengleichung

$(AX - B)^T - 4X = B + (AX)^T - ABX$ formal nach X auf.

1.2.D Man löse die folgende Matrixgleichung formal nach X auf
(I = Einheitsmatrix):

$AX + (X - I)^2 = X + X^2$

1.2.E Die Matrizen X und A seien invertierbar, und A sei außerdem symmetrisch. Lösen Sie unter diesen Voraussetzungen die Matrizengleichung

$X(I + AX) = ((A - I)X^T)^T$ nach X auf.

1.2.F Es seien A, B, C und X (n, n)-Matrizen, wobei A, B und C nichtsingulär sind. Lösen Sie die folgenden Gleichungen nach X auf:

1.2.F.1 $A * X * B = C * B$

1.2.F.2 $\begin{pmatrix} 1 & 2 \\ 1 & 0 \end{pmatrix} - X * \begin{pmatrix} 1 & 1 \\ 1 & 0 \end{pmatrix} + \begin{pmatrix} 1 & 2 \\ 1 & 0 \end{pmatrix} * X = \begin{pmatrix} 0 & 3 \\ 1 & 1 \end{pmatrix}$

1.2.G Es seien A, B, C und X (n, n)-Matrizen.
Lösen Sie die Matrizengleichung $A(X+B)^T = (XC)^T$
formal nach X auf.

1.2.H Sei $F = (X^T X)^{-1} X^T$

Zeigen Sie, dass $(FF^T)^{-1}$ durch ein geeignetes Produkt, bestehend nur aus den beiden Matrizen X^T und X, darstellbar ist.

1.2.I Lösen Sie die Matrizengleichung

$$(A + X)^2 = (X - I)^2 + ((A - I)^T X^T)^T$$

formal nach X auf. I ist die identische bzw. Einheitsmatrix.

1.2.J Gegeben seien die Matrizen

$$A = \begin{pmatrix} 1 & 0 \\ 1 & -1 \end{pmatrix} \quad B = \begin{pmatrix} 2 & 1 \\ -1 & 1 \end{pmatrix} \quad C = \begin{pmatrix} 1 & 2 \\ 3 & 4 \end{pmatrix}$$

und die Matrizengleichung $\quad BX + A^T = 2(X - C)$

Lösen Sie die Matrizengleichung formal nach X auf, und berechnen Sie dann X.

1.2.K Es seien B, I und X reguläre (n, n)-Matrizen, wobei I die Einheitsmatrix ist. Geben Sie an, welche der nachfolgend durchgeführten Umformungsschritte falsch sind, betrachten Sie also jeweils die einzelnen Umformungsschritte, unabhängig davon, ob bereits bei den vorherigen Umformungen Fehler aufgetreten sind. Begründen Sie ggf. kurz, wo der Fehler liegt.

$$X(I + BX) = ((B + I)X^T)^T$$

$$X + BX^2 = ((B + I)X^T)^T \qquad \text{(i)}$$

$$X + BX^2 = (B + I)^T X \qquad \text{(ii)}$$

$$X + BX^2 = (B^T + I^T) X \qquad \text{(iii)}$$

$$X + BX^2 = B^T X + X \qquad \text{(iv)}$$

$$BX^2 = B^T X \qquad \text{(v)}$$

$$BX = B^T \qquad \text{(vi)}$$

$$X = B^T B^{-1} \qquad \text{(vii)}$$

Lösungsvorschläge zu 1.2:

Die Gleichungen müssen zunächst so umgeformt werden, dass alle Terme mit X auf der einen Seite und alle Terme ohne X auf der anderen Seite stehen. Danach wird X ausgeklammert und die Gleichung anschließend mit dem Inversen des bei X verbliebenen Terms multipliziert. Da die Matrizenmultiplikation nicht kommutativ ist, muss natürlich bei dem Ausklammern und der Multiplikation der Gleichung mit Matrizen zwischen der Multiplikation von rechts und von links unterschieden werden. Bei den ersten beiden Aufgaben gilt es lediglich, die zuvor beschriebenen Schritte durchzuführen. Bei den nachfolgenden Aufgaben treten zusätzliche Problemstellungen auf. Hinter dem senkrechten Strich am Ende der Gleichungen wird angegeben, welche Operation mit den Gleichungen durchgeführt wird.

1.2.A $A(X+B) = BX$

$\Leftrightarrow AX + AB = BX \;|\; -BX - AB$

$\Leftrightarrow AX - BX = -AB$

$\Leftrightarrow (A - B)X = -AB \;|\; *(A-B)^{-1}$ von links

$\Leftrightarrow \quad \mathbf{X = -(A-B)^{-1} * AB}$

1.2.B $AX + X = B(E - X)$

$\Leftrightarrow AX + X = BE - BX \;|\; + BX$

$\Leftrightarrow AX + X + BX = B$

$\Leftrightarrow (A + E + B)X = B \;|\; *(A + E + B)^{-1}$ von links

$\Leftrightarrow \mathbf{X = (A + E + B)^{-1} * B}$

1.2.C Zunächst werden die "T's" in die Klammern hineingezogen. Bei einer Summe oder einer Differenz (+ oder -) kann das "T" einfach auf die einzelnen Terme angewendet werden, bei einem Produkt muss beim Anwenden des "T's" auf die einzelnen Faktoren die Reihenfolge der Faktoren vertauscht werden. (Die Sinnhaftigkeit dieser Regeln kann man an einfachen Beispielen leicht nachrechnen.) Da sich auf beiden Seiten die gleichen Produkte ergeben, brauchen die Produkte hier aber nicht weiter aufgelöst zu werden:

$(AX - B)^T - 4X = B + (AX)^T - ABX$

$\Leftrightarrow (AX)^T - B^T - 4X = B + (AX)^T - ABX \;|\; -(AX)^T$

$\Leftrightarrow - B^T - 4X = B - ABX \mid +B^T + ABX$

$\Leftrightarrow ABX - 4X = B + B^T$ beim Ausklammern muss bei der 4 eine Einheitsmatrix (I) ergänzt werden

$\Leftrightarrow (AB - 4I)X = B + B^T \mid *(AB - 4I)^{-1}$ von links

$\Leftrightarrow X = (AB - 4I)^{-1} * (B + B^T)$

1.2.D Zunächst müssen die Klammern aufgelöst werden:

$AX + (X - I)^2 = X + X^2$

$\Leftrightarrow AX + (X - I) * (X - I) = X + X^2$

$\Leftrightarrow AX + X^2 - X*I - I*X + I^2 = X + X^2$

$\Leftrightarrow AX + X^2 - X - X + I = X + X^2$

$\Leftrightarrow AX + X^2 - 2X + I = X + X^2 \mid -X - X^2 - I$

$\Leftrightarrow AX - 3X = -I$

$\Leftrightarrow (A - 3I)X = -I \mid * (A - 3I)^{-1}$

$\Leftrightarrow X = -(A - 3I)^{-1}$

1.2.E $X(I + AX) = ((A - I)X^T)^T$

$\Leftrightarrow X(I + AX) = X(A - I)^T$

$\Leftrightarrow X(I + AX) = X(A^T - I^T)$ Nach Voraussetzung gilt $A^T = A$, und stets gilt $I^T = I$

$\Leftrightarrow X(I + AX) = X(A - I) \mid *X^{-1}$ (von links malnehmen)

$\Leftrightarrow I + AX = A - I \mid -I$

$\Leftrightarrow AX = A - 2I \mid *A^{-1}$ (von links malnehmen)

$\Leftrightarrow X = A^{-1} * (A - 2I) = I - 2A^{-1}$

1.2.F Dass die Matrizen nichtsingulär sind, ist gleichbedeutend damit, dass sie invertierbar sind. Die erste Teilaufgabe lässt sich sehr einfach lösen:

1.2.F.1 $A * X * B = C * B \mid * B^{-1}$ von rechts

$\Leftrightarrow A * X = C \quad \mid * A^{-1}$ von links

$\Leftrightarrow X = A^{-1} * C$

1.2.F.2 Diese Aufgabe ist etwas schwieriger als die anderen, denn hier kann X nicht formal durch Auflösen nach X bestimmt werden. Da X einmal von links und einmal von rechts mit einer anderen Matrix multipliziert wird, kann es nicht einfach ausgeklammert werden.

$$\begin{pmatrix} 1 & 2 \\ 1 & 0 \end{pmatrix} - X * \begin{pmatrix} 1 & 1 \\ 1 & 0 \end{pmatrix} + \begin{pmatrix} 1 & 2 \\ 1 & 0 \end{pmatrix} * X = \begin{pmatrix} 0 & 3 \\ 1 & 1 \end{pmatrix}$$

In der Aufgabenstellung stand, dass X eine (n, n)-Matrix ist. Also muss es sich in diesem Aufgabenteil um eine (2, 2)-Matrix handeln, denn sonst könnten die Multiplikationen nicht ausgeführt werden. Wenn man X nun als zunächst unbekannte (2, 2)-Matrix ansetzt, lautet die Gleichung:

$$\begin{pmatrix} 1 & 2 \\ 1 & 0 \end{pmatrix} - \begin{pmatrix} x_{11} & x_{12} \\ x_{21} & x_{22} \end{pmatrix} * \begin{pmatrix} 1 & 1 \\ 1 & 0 \end{pmatrix} + \begin{pmatrix} 1 & 2 \\ 1 & 0 \end{pmatrix} * \begin{pmatrix} x_{11} & x_{12} \\ x_{21} & x_{22} \end{pmatrix} = \begin{pmatrix} 0 & 3 \\ 1 & 1 \end{pmatrix}$$

Die Matrizenprodukte können nun berechnet werden:

		1	1			x_{11}	x_{12}
		1	0			x_{21}	x_{22}
x_{11} x_{12}	$x_{11}+x_{12}$	x_{11}		1	2	$x_{11}+2x_{21}$	$x_{12}+2x_{22}$
x_{21} x_{22}	$x_{21}+x_{22}$	x_{21}		1	0	x_{11}	x_{12}

Somit ergibt sich:

$$\begin{pmatrix} 1 & 2 \\ 1 & 0 \end{pmatrix} - \begin{pmatrix} x_{11}+x_{12} & x_{11} \\ x_{21}+x_{22} & x_{21} \end{pmatrix} + \begin{pmatrix} x_{11}+2x_{21} & x_{12}+2x_{22} \\ x_{11} & x_{12} \end{pmatrix} = \begin{pmatrix} 0 & 3 \\ 1 & 1 \end{pmatrix}$$

$$\Leftrightarrow -\begin{pmatrix} x_{11}+x_{12} & x_{11} \\ x_{21}+x_{22} & x_{21} \end{pmatrix} + \begin{pmatrix} x_{11}+2x_{21} & x_{12}+2x_{22} \\ x_{11} & x_{12} \end{pmatrix} = \begin{pmatrix} -1 & 1 \\ 0 & 1 \end{pmatrix}$$

Eine Matrizengleichung muss immer in allen Komponenten gelten, somit ergeben sich 4 Gleichungen, die erfüllt sein müssen:

$$-x_{11} - x_{12} + x_{11} + 2x_{21} = -1$$
$$-x_{11} + x_{12} + 2x_{22} = 1$$
$$-x_{21} - x_{22} + x_{11} = 0$$
$$-x_{21} + x_{12} = 1$$

Die erste Gleichung ergibt vereinfacht:

$$-x_{12} + 2x_{21} = -1$$

Addiert man nun zu dieser Gleichung die vierte Gleichung, ergibt sich:

$$-x_{12} + 2x_{21} = -1$$
$$+(-x_{21} + x_{12} = 1)$$
$$x_{21} = 0$$

Setzt man dieses wieder in die erste Gleichung ein, folgt:

$$-x_{12} + 2*0 = -1 \Leftrightarrow x_{12} = 1$$

Nun werden diese beiden Resultate in die zweite und dritte Gleichung eingesetzt:

$$-x_{11} + 1 + 2x_{22} = 1$$
$$0 - x_{22} + x_{11} = 0$$

Die Addition der beiden Gleichungen ergibt:

$$1 + x_{22} = 1 \Leftrightarrow x_{22} = 0$$

Insgesamt ergibt sich für X also:

$$X = \begin{pmatrix} 0 & 1 \\ 0 & 0 \end{pmatrix}$$

1.2.G Am geschicktesten wird hier zunächst die ganze Gleichung transponiert:

$$A(X+B)^T = (XC)^T \mid T$$

$$\Leftrightarrow (X+B)A^T = XC \Leftrightarrow XA^T - XC = -BA^T$$

$$\Leftrightarrow X(A^T - C) = -BA^T \mid *(A^T - C)^{-1} \text{ von rechts}$$

$$\Leftrightarrow X = -BA^T * (A^T - C)^{-1}$$

1.2.H Zunächst wird F vereinfacht. Es gilt bei Matrizen

$$(AB)^{-1} = B^{-1}A^{-1}$$
$$\Rightarrow F = (X^TX)^{-1}X^T$$
$$= X^{-1}(X^T)^{-1}X^T$$
$$= X^{-1}I = X^{-1}$$

Somit ergibt sich für $(FF^T)^{-1}$

$$(FF^T)^{-1} = \left(X^{-1}(X^{-1})^T\right)^{-1} = \left((X^{-1})^T\right)^{-1}(X^{-1})^{-1}$$

$$= \mathbf{X^TX}$$

1.2.I $(A + X)^2 = (X - I)^2 + ((A - I)^T X^T)^T$

$\Leftrightarrow A^2 + AX + XA + X^2 = X^2 - XI - IX + I^2 + X(A - I) \mid -X^2$

$\Leftrightarrow A^2 + AX + XA = -X - X + I + XA - X \mid -XA \; -A^2 + 3X$

$\Leftrightarrow AX + 3X = I - A^2$

$\Leftrightarrow (A + 3I)X = I - A^2$

$\Leftrightarrow X = (A + 3I)^{-1}(I - A^2)$

1.2.J $BX + A^T = 2(X - C) \mid -BX$

$\Leftrightarrow A^T = 2X - 2C - BX \mid + 2C$

$\Leftrightarrow A^T + 2C = 2X - BX$

$\Leftrightarrow A^T + 2C = (2I - B)X \mid * (2I - B)^{-1}$ von links

$\Leftrightarrow (2I - B)^{-1} * (A^T + 2C) = X$

Um X berechnen zu können, muss nun die Inverse von (2I − B) gebildet werden. Die Inverse wird im Folgenden über die adjungierte Matrix gebildet. (Etwas einfacher ist es in diesem Fall, indem man die Einheitsmatrix hinter die Matrix schreibt und dann umformt.)

$2I - B = \begin{pmatrix} 2 & 0 \\ 0 & 2 \end{pmatrix} - \begin{pmatrix} 2 & 1 \\ -1 & 1 \end{pmatrix} = \begin{pmatrix} 0 & -1 \\ 1 & 1 \end{pmatrix}$

Zunächst wird die Determinante dieser Matrix gebildet. Es ergibt sich:

$\det(2I - B) = 0 * 1 - 1 * (-1) = 1$

Da es sich um eine 2∗2 Matrix handelt, ergeben sich beim Bilden der adjungierten Matrix Unterdeterminanten, die nur aus einzelnen Zahlen bestehen. Die Determinante einer Zahl ist aber nun die Zahl selbst. Somit ergibt sich für die adjungierte Matrix unter Berücksichtigung des Vorzeichenschemas und der notwendigen Transposition:

$\text{adj}(2I - B) = \begin{pmatrix} 1 & 1 \\ -1 & 0 \end{pmatrix}$

Die Inverse Matrix ergibt sich, wenn die Adjungierte nun noch durch die Determinante geteilt wird. Da die Determinante hier aber 1 ist, erübrigt sich dieser Schritt, die Adjungierte ist bereits die Inverse.

Für X hatte sich ergeben: $X = (2I - B)^{-1} * (A^T + 2C)$

$\Leftrightarrow X = \begin{pmatrix} 1 & 1 \\ -1 & 0 \end{pmatrix} * \left(\begin{pmatrix} 1 & 1 \\ 0 & -1 \end{pmatrix} + \begin{pmatrix} 2 & 4 \\ 6 & 8 \end{pmatrix} \right)$

$\Leftrightarrow X = \begin{pmatrix} 1 & 1 \\ -1 & 0 \end{pmatrix} * \begin{pmatrix} 3 & 5 \\ 6 & 7 \end{pmatrix} = \begin{pmatrix} 9 & 12 \\ -3 & -5 \end{pmatrix}$

1.2.K Für die einzelnen Schritte ergibt sich:

$$X(I + BX) = ((B + I)X^T)^T$$
$$X + BX^2 = ((B + I)X^T)^T \quad \text{(i)}$$

Der Schritt (i) ist falsch, das X steht auf der linken Seite der Klammer, daher müssen die einzelnen Terme von links mit X multipliziert werden. (Richtig würde die linke Seite lauten: X + XBX)

$$X + BX^2 = (B + I)^T X \quad \text{(ii)}$$

Der Schritt (ii) ist falsch, auf der rechten Seite wird das „T" in die Klammer hineingezogen, da in der Klammer ein Produkt steht, muss die Reihenfolge der Faktoren vertauscht werden. (Richtig würde die rechte Seiten lauten: $X(B + I)^T$)

$$X + BX^2 = (B^T + I^T)X \quad \text{(iii)}$$
$$X + BX^2 = B^T X + X \quad \text{(iv)}$$

(Die Umformung ist korrekt, es gilt: $I^T = I$ und $I*X=X$)

$$BX^2 = B^T X \quad \text{(v)}$$
$$BX = B^T \quad \text{(vi)}$$
$$X = B^T B^{-1} \quad \text{(vii)}$$

Der Schritt (vii) ist falsch, damit das B auf der linken Seite „verschwindet", muss die Gleichung von links mit B^{-1} multipliziert werden, entsprechend müsste sich auf der rechten Seite $B^{-1}B^T$ ergeben.

1.3 Lineare Abhängigkeit

1.3.A Bestimmen Sie s und t so, dass die Vektoren $(1, s, t)^T$, $(2, t, s)^T$, und $(5, 3, 6)^T$ linear abhängig sind.

1.3.B Prüfen Sie die Vektoren $(3, 1, 2, 2,)^T$, $(5, 2, 1, 4)^T$ und $(5, 1, 8, 2)^T$ auf lineare Abhängigkeit.

1.3.C Untersuchen Sie die Vektoren
$r_1 = (-1, -1, 2)$, $r_2 = (-1, 2, -1)$ und $r_3 = (2, -3, 2)$
auf lineare Abhängigkeit!
Lässt sich r_1 als Linearkombination von r_2 und r_3 darstellen?

1.3.D Sei V der Vektorraum der (2 x 2)-Matrizen auf $\mathbb{R}$. Untersuchen Sie, ob die folgenden Matrizen A, B, C $\in$ V linear unabhängig sind:

$$A = \begin{pmatrix} 1 & 1 \\ 1 & 1 \end{pmatrix}, \quad B = \begin{pmatrix} 1 & 0 \\ 0 & 1 \end{pmatrix} \quad \text{und} \quad C = \begin{pmatrix} 1 & 1 \\ 0 & 0 \end{pmatrix}$$

Lösungsvorschläge zu 1.3:

1.3.A Die Vektoren sind als (1, 3) Matrizen geschrieben, daher bedeutet das T, dass die angegebenen Zeilenvektoren transponiert werden sollen, so dass sich Spaltenvektoren ergeben (für die Untersuchung auf lineare Abhängigkeit ist es aber eigentlich egal, ob die Vektoren transponiert werden). Bei der Untersuchung von drei Vektoren aus dem R^3 auf lineare Abhängigkeit benutzt man am besten die Determinante der drei Vektoren. Diese ist genau dann gleich Null, wenn die Vektoren linear abhängig sind.

$$\det \begin{pmatrix} 1 & 2 & 5 \\ s & t & 3 \\ t & s & 6 \end{pmatrix} = \begin{vmatrix} 1 & 2 & 5 \\ s & t & 3 \\ t & s & 6 \end{vmatrix} = 1*t*6 + 2*3*t + 5*s*s - t*t*5 - s*3*1 - 6*s*2$$

Die Berechnung erfolgte hier nach der Regel von Sarrus:

Wenn die drei Vektoren linear abhängig sein sollen, so muss die Determinante gleich Null sein, also muss gelten:

$6t + 6t + 5s^2 - 5t^2 - 3s - 12s = 0 \Leftrightarrow 12t - 5t^2 + 5s^2 - 15s = 0$

Diese Gleichung kann beliebig viele Lösungen haben. Nach der Aufgabenstellung reicht es aber, eine einzige zu finden. Hierzu kann man für einen der beiden Parameter einfach eine Zahl einsetzen und dann prüfen, ob es eine Lösung für den anderen Parameter gibt. (Meistens wird es eine Lösung für den anderen Parameter geben. Ist dies nicht der Fall, so muss man es mit einem anderen Wert für den ersten Parameter versuchen.) Im vorliegenden Fall vereinfacht sich die Gleichung, wenn man einen der beiden Parameter gleich Null setzt. Für s=0 ergibt sich:

$12t - 5t^2 = 0 \Leftrightarrow (12 - 5t)t = 0 \Leftrightarrow 12 - 5t = 0 \vee t = 0$

$\Leftrightarrow t = 2,4 \vee t = 0$

Also sind die Vektoren, z.B. für s und t gleich Null, linear abhängig.

1.3.B Da es sich hier nur um 3 Vektoren aus dem $\mathbb{R}^4$ handelt, kann die lineare Abhängigkeit dieser Vektoren nicht mit Hilfe der Determinante überprüft werden. Hier muss auf die ursprüngliche Definition der linearen Abhängigkeit zurückgegriffen werden. Drei Vektoren sind linear unabhängig, wenn die folgende Gleichung nur für λ, μ und ν gleich Null gelöst werden kann:

$$\lambda(3, 1, 2, 2,)^T + \mu(5, 2, 1, 4)^T + \nu(5, 1, 8, 2)^T = 0$$

Da eine **Vektorgleichung** immer in allen Komponenten gelten muss, ergeben sich vier Gleichungen. Statt diese zu lösen, betrachtet man aber einfacher den Rang der **Koeffizientenmatrix**. Nur wenn ihr Rang kleiner als 3 ist, hat das homogene Gleichungssystem eine von der **Nulllösung** verschiedene Lösung. Nachfolgend wurden die Vektoren als Spaltenvektoren in die Matrix eingetragen. Dieses ergibt sich aus der Berücksichtigung der Transposition. Da der Zeilenrang dem Spaltenrang entspricht, hätte sich aber auch dasselbe Ergebnis ergeben, wenn man die Vektoren einfach in die Zeilen der Matrix geschrieben hätte.

$$\begin{pmatrix} 3 & 5 & 5 \\ 1 & 2 & 1 \\ 2 & 1 & 8 \\ 2 & 4 & 2 \end{pmatrix} \text{ Zeilen vertauschen}$$

$$\begin{pmatrix} 1 & 2 & 1 \\ 3 & 5 & 5 \\ 2 & 1 & 8 \\ 2 & 4 & 2 \end{pmatrix} \begin{matrix} \\ -3\,\text{I} \\ -2\,\text{I} \\ -2\,\text{I} \end{matrix}$$

$$\begin{pmatrix} 1 & 2 & 1 \\ 0 & -1 & 2 \\ 0 & -3 & 6 \\ 0 & 0 & 0 \end{pmatrix} -3\,\text{II}$$

$$\begin{pmatrix} 1 & 2 & 1 \\ 0 & -1 & 2 \\ 0 & 0 & 0 \\ 0 & 0 & 0 \end{pmatrix}$$

Der Rang der Koeffizientenmatrix ist 2 (nur zwei Zeilen bestehen bei "optimaler Umformung" nicht nur aus Nullen) und ist damit kleiner als die Anzahl der Vektoren. Somit sind die Vektoren linear abhängig.

1.3.C Hier lässt sich wieder die Determinante anwenden:

$$\det \begin{pmatrix} -1 & -1 & 2 \\ -1 & 2 & -1 \\ 2 & -3 & 2 \end{pmatrix} = -4 + 2 + 6 - 8 + 3 - 2 = -3$$

Da die Determinante ungleich Null ist, sind die Vektoren linear unabhängig. Da die Vektoren linear unabhängig sind, lässt sich r_1 auch nicht als Linearkombination von r_2 und r_3 darstellen.

1.3.D Bezüglich linearer Abhängigkeit gelten für Matrizen alle Zusammenhänge genauso wie für Vektoren. Einerseits kann untersucht werden, ob folgendes Gleichungssystem nur die Triviallösung (Nulllösung) hat:

$$\lambda \begin{pmatrix} 1 & 1 \\ 1 & 1 \end{pmatrix} + \mu \begin{pmatrix} 1 & 0 \\ 0 & 1 \end{pmatrix} + \nu \begin{pmatrix} 1 & 1 \\ 0 & 0 \end{pmatrix} = \begin{pmatrix} 0 & 0 \\ 0 & 0 \end{pmatrix}$$

Alternativ zu der Lösung dieses Gleichungssystems kann aber auch der Rang der Koeffizientenmatrix bestimmt werden. Ist dieser Rang gleich 3, so ist das Gleichungssystem eindeutig lösbar. Da es ein homogenes Gleichungssystem ist, hat es dann nur die Triviallösung. Zunächst können also die Matrizen in die Zeilen (oder auch Spalten) einer "großen" Matrix geschrieben werden. Nachfolgend werden die Elemente der einzelnen Matrizen zeilenweise hingeschrieben. Sie könnten auch spaltenweise hingeschrieben werden, wichtig ist allerdings, dass die Elemente für alle Matrizen in derselben Reihenfolge aufgeschrieben werden:

$$\begin{pmatrix} 1 & 1 & 1 & 1 \\ 1 & 0 & 0 & 1 \\ 1 & 1 & 0 & 0 \end{pmatrix} \begin{matrix} \\ -I \\ -I \end{matrix}$$

$$\begin{pmatrix} 1 & 1 & 1 & 1 \\ 0 & -1 & -1 & 0 \\ 0 & 0 & -1 & -1 \end{pmatrix}$$

Die Matrix ist nun in Zeilen-Stufen-Form. Der Rang der Matrix ist 3. Somit sind die 3 gegebenen Matrizen linear unabhängig.

1.4 Vektorräume

Vorbemerkung: Bei den nachfolgenden Aufgaben werden fast nur Vektorräume über $\mathbb{R}$ betrachtet. In diesen Fällen ist ein Skalar stets eine reelle Zahl.

1.4.A Bildet die Menge $G_{|3}$ aller reellen ganzrationalen Funktionen 3. Grades einen Vektorraum über $\mathbb{R}$? Wenn ja, geben Sie eine Basis und die Dimension an.

1.4.B Entscheiden Sie (mit Begründung!), welche der Mengen ein reeller Vektorraum ist, und bestimmen Sie gegebenenfalls eine Basis und die Dimension.

a) $V = \{(t, x, y, z) \mid t^2 + x^2 = 0; t, x, y, z \in \mathbb{R}\}$
b) $V = \{(a, b, c) \mid a^2 - c^2 = 0; a, b, c \in \mathbb{R}\}$

1.4.C Bestimmen Sie zu der gegebenen Matrix $A = \begin{pmatrix} 1 & 2 \\ 0 & 3 \end{pmatrix}$ alle reellen (2, 2)-Matrizen $M = \begin{pmatrix} u & v \\ x & y \end{pmatrix}$, so dass $AM = MA$ ist.

Weisen Sie nach, dass die Menge $M_{|}$ dieser Matrizen M ein Vektorraum über $\mathbb{R}$ ist, und geben Sie eine Basis und die Dimension dieses Vektorraums an.

1.4.D Im $\mathbb{R}^3$ seien die folgenden Vektoren gegeben:

$\vec{a}_1 = (1; -1; 2)$ und $\vec{a}_2 = (2; 0; 3)$.

a) $\vec{a}_3 = (x; y; z)$ sei ein Vektor im $\mathbb{R}^3$. Geben Sie eine allgemeingültige Bedingung für $(x; y; z)$ an, so dass $B_1 = \{\vec{a}_1, \vec{a}_2, \vec{a}_3\}$ eine Basis des $\mathbb{R}^3$ ist. Nennen Sie ein Beispiel für x=1.

b) Zeigen Sie: $B_2 = \{\vec{a}_1 + \vec{a}_2, \vec{a}_2, \vec{a}_3\}$, $\vec{a}_3 = (0; 1; 0)$ ist auch eine Basis des $\mathbb{R}^3$.

c) Stellen Sie $\vec{a}_4 = (2; 3; 4)$ als Linearkombination über B_1 dar.

1.4.E Die Vektoren

$\vec{a}_1 = (1\ 0\ 1\ 1)$, $\vec{a}_2 = (-3\ 3\ 7\ 1)$, $\vec{a}_3 = (-1\ 3\ 9\ 3)$
und $\vec{a}_4 = (-5\ 3\ 5\ -1)$

bilden ein Erzeugendensystem eines Unterraums U des $\mathbb{R}^4$.

Bestimmen Sie eine Teilmenge der gegebenen Vektoren, die eine Basis von U ist, und stellen Sie jeden der übrigen Vektoren als Linearkombination der Basisvektoren dar. Welche Dimension hat U?

1.4.F Es sei V der Vektorraum von (m, n)-Matrizen auf einem Körper K. Es sei $E_{ij} \in V$ die Matrix mit dem ij-ten Element 1 und sonst nur Nullen.
Zeigen Sie, dass $\{E_{ij}\}$ eine Basis von V ist.

1.4.G Ist die Menge $\mathbb{R}$ der reellen Zahlen ein reeller Vektorraum? Falls ja, bestimmen Sie die Dimension und geben Sie eine Basis an!

1.4.H Es sei V die Menge aller Funktionen aus einer nicht leeren Menge X in einem Körper K, wobei für V die folgenden Eigenschaften gelten: für jede Funktion $f, g \in V$ und jeden Skalar $k \in K$ seien $f+g$ und $k*f$ wieder Funktionen in V und wie folgt definiert:
$(f + g)(x) = f(x) + g(x)$ und $(kf)(x) = k * f(x)$.
Zeigen Sie, dass V ein Vektorraum über K ist!

1.4.I Es sei U die Menge aller Vektoren $x \in \mathbb{R}^3$ mit $a^2 + b^2 + c^2 = 1$
für $x^T = (a, b, c)$.
Untersuchen Sie, ob U einen Unterraum bildet, und bestimmen Sie gegebenenfalls die Dimension und eine Basis von U.

1.4.J Es sei $V = \left\{ \begin{pmatrix} a & b \\ c & d \end{pmatrix} \middle| a + d = b + c; \ a, b, c, d \in \mathbb{R}. \right\} \subset \mathbb{R}^{2,2}$

gegeben. Untersuchen Sie, ob V einen Unterraum bildet, und bestimmen Sie gegebenenfalls dessen Dimension und eine Basis von V.

1.4.K A sei aus der Menge aller (2, 2)-Matrizen.
Untersuchen Sie, ob die Menge $U = \{A | \det(A) = 0\}$ einen Vektorraum bildet, und bestimmen Sie gegebenenfalls dessen Dimension.

1.4.L Untersuchen Sie, ob die Menge M aller (2, 2)-Matrizen, für die die Summe der Hauptdiagonalelemente gleich der Summe der Nebendiagonalelemente ist, einen Vektorraum bildet, und bestimmen Sie gegebenenfalls dessen Dimension.

1.4.M Es seien vier Vektoren $\vec{a}_1, \vec{a}_2, \vec{a}_3, \vec{a}_4 \in \mathbb{R}^3$ gegeben. Für diese Vektoren gelten die folgenden Zusammenhänge:

(i) $\vec{a}_1 + \vec{a}_2 = 3\vec{a}_3$

(ii) $\lambda_1 \vec{a}_1 \neq \lambda_2 \vec{a}_3$ für beliebige $\lambda_1, \lambda_2 \in \mathbb{R}$

(iii) $\lambda \vec{a}_1 + \mu \vec{a}_3 \neq \vec{a}_4$ für beliebige $\lambda, \mu \in \mathbb{R}$

Beantworten Sie die folgenden Fragen (mit kurzer Begründung):

a) Bilden die Vektoren $\vec{a}_1, \vec{a}_2$ und $\vec{a}_3$ eine Basis des $\mathbb{R}^3$?

b) Bilden die Vektoren $\vec{a}_1, \vec{a}_3$ und $\vec{a}_4$ eine Basis des $\mathbb{R}^3$?

c) Welche Dimension hat der durch die Vektoren $\vec{a}_1, \vec{a}_2$ und $\vec{a}_3$ aufgespannte Vektorraum?

d) Sind die Vektoren $\vec{a}_1, \vec{a}_2, \vec{a}_3$ und $\vec{a}_4$ linear abhängig?

Lösungsvorschläge zu 1.4:

Anmerkung: Bei den Unterraumaufgaben muss in der Regel nachgewiesen werden, dass die gegebene Menge abgeschlossen bezüglich der Addition und der Skalar-Multiplikation ist. Wenn die gegebenen einschränkenden Bedingungen linear homogene Gleichungen sind, werden diese Bedingungen immer erfüllt. Somit reicht es dann auch aus, die Nebenbedingungen zu betrachten. Handelt es sich um eine linear homogene Gleichung als Nebenbedingung (oder ein linear homogenes Gleichungssystem bei mehreren Gleichungen), so handelt es sich um einen Unterraum. Ist dies nicht der Fall, so kann man meist leicht ein Gegenbeispiel bezüglich der Abgeschlossenheit finden.

1.4.A Zentrale Voraussetzung für Vektorräume ist die Abgeschlossenheit bezüglich der Addition und der skalaren Multiplikation. Wenn sich ein Gegenbeispiel finden lässt, für das diese Abgeschlossenheit nicht erfüllt ist, so handelt es sich um keinen Vektorraum. Im vorliegenden Fall lässt sich leicht ein solches Beispiel konstruieren.

Es sei $f(x) = x^3$ und $g(x) = -x^3 + x^2$, dann ist $f(x) + g(x) = x^2$ kein Element der ganzrationalen Funktionen 3. Grades, denn dieses sind nur Funktionen, bei denen x auch tatsächlich in dritter Potenz vorkommt.

$G_{|3}$ bildet keinen Vektorraum.

1.4.B a) Da t^2 und x^2 für t und $x \in \mathbb{R}$ nie negativ werden können, gibt es nur eine mögliche Lösung für diese Gleichung, nämlich $t = 0 \wedge x = 0$. Diese beiden Gleichungen, die sich sozusagen "hinter der obigen Gleichung verbergen", sind ein linear homogenes Gleichungssystem. Somit handelt es sich um einen Vektorraum.

Natürlich könnte hier auch sehr einfach die Abgeschlossenheit der Menge nachgewiesen werden. Denn aufgrund der Bedingungen $t = 0 \wedge x = 0$ können y und z frei aus $\mathbb{R}$ gewählt werden. Bei der Addition und Skalarmultiplikation ergeben sich für y und z immer wieder Elemente aus $\mathbb{R}$ und für t und x immer Null.

Die Dimension eines Vektorraumes entspricht der Anzahl der frei wählbaren Parameter. Wenn man die durch die Gleichung bestimmten Variablen ersetzt, kann die Menge folgendermaßen geschrieben werden:

$$V = \{(0, 0, y, z) \mid y, z \in \mathbb{R}\}$$

y und z sind frei wählbar und somit gilt:

dim M = 2

Die Basis ist die minimale Anzahl von Vektoren (Matrizen), die den Vektorraum aufspannen. Die Anzahl der Basiselemente entspricht gerade der Dimension des Vektorraumes. Zur Bildung einer Basis können beliebige Vektoren (Matrizen) gebildet werden, allerdings muss stets darauf geachtet werden, dass diese Vektoren (Matrizen) linear unabhängig voneinander sind. Am einfachsten findet man eine Basis, indem man immer einen der frei wählbaren Parameter gleich 1 setzt und für alle anderen jeweils Null einsetzt. Wie zuvor beschrieben, konnte die Menge folgendermaßen beschrieben werden: $V = \{(0, 0, y, z) \mid y, z \in \mathbb{R}\}$
Wenn man nun y=1 und z=0 und dann z=1 und y=0 setzt, ergibt sich folgende Basis:

$\mathbb{B} = \{ (0, 0, 1, 0), (0, 0, 0, 1) \}$

b) Hier handelt es sich um keinen Vektorraum. (Dieses liegt an der Mehrdeutigkeit der Wurzel.) Am besten zeigt man dies durch ein Gegenbeispiel:

(1, 0, -1) + (1, 0, 1) = (2, 0, 0)

  $\in V$ $\in V$ $\notin V$

Die beiden gewählten Vektoren sind Elemente aus der betrachteten Menge, denn bei ihnen gilt:

$a^2 - c^2 = 0$ $1^2 - (-1)^2 = 0$ und $1^2 - 1^2 = 0$

Der sich als Ergebnis der Addition ergebende Vektor ist aber kein Element der Menge, denn es gilt:

$2^2 - 0^2 \neq 0$

Da sich bei der Addition von zwei Vektoren der Menge ein Vektor ergibt, der kein Element der Menge V ist, ist die Menge nicht abgeschlossen bezüglich der Addition, und es handelt sich um keinen Vektorraum.

1.4.C Zunächst müssen AM und MA berechnet werden:

AM

		u	v
		x	y
1	2	u+2x	v+2y
0	3	3x	3y

$= A*M$

MA

		1	2
		0	3
u	v	u	2u+3v
x	y	x	2x+3y

$= M*A$

Es soll gelten AM = MA, also:

$$\begin{pmatrix} u+2x & v+2y \\ 3x & 3y \end{pmatrix} = \begin{pmatrix} u & 2u+3v \\ x & 2x+3y \end{pmatrix}$$

Zwei Matrizen sind genau dann identisch, wenn alle ihre Elemente identisch sind, also müssen folgende 4 Gleichungen erfüllt sein:

$u+ 2x = u$

$v+ 2y = 2u + 3v \Leftrightarrow 2y = 2u + 2v \Leftrightarrow y = u + v$

$3x = x \Leftrightarrow 2x = 0 \Leftrightarrow x = 0$

$3y = 2x+ 3y$

Mit $x=0$ sind außer der dritten auch die erste und die vierte Gleichung immer erfüllt, somit muss nur noch die zweite Gleichung zusätzlich erfüllt werden. Es ergibt sich für die Matrizen M also folgende Form:

$$M = \begin{pmatrix} u & v \\ 0 & u+v \end{pmatrix}$$, wobei $u,v \in \mathbb{R}$ frei wählbar sind.

Diese Menge ist ein Vektorraum, denn sie ist abgeschlossen bezüglich der Addition und der skalaren Multiplikation. (Man kann sich die folgende Rechnung auch sparen, indem man darauf verweist, dass die einschränkenden Bedingungen linear homogen sind und es sich daher um einen Vektorraum handelt).

Seien M_1 und M_2 Elemente aus $M|$, so gilt:

$$M_1 = \begin{pmatrix} u_1 & v_1 \\ 0 & u_1+v_1 \end{pmatrix} \quad M_2 = \begin{pmatrix} u_2 & v_2 \\ 0 & u_2+v_2 \end{pmatrix}$$

$$M_1 + M_2 = \begin{pmatrix} u_1 & v_1 \\ 0 & u_1+v_1 \end{pmatrix} + \begin{pmatrix} u_2 & v_2 \\ 0 & u_2+v_2 \end{pmatrix} = \begin{pmatrix} u_1+u_2 & v_1+v_2 \\ 0 & u_1+v_1+u_2+v_2 \end{pmatrix}$$

Die Abgeschlossenheit der Addition ist gegeben, wenn die Bedingung auch für die Summe wieder gilt:

$(u_1 + u_2) + (v_1 + v_2) = u_1 + v_1 + u_2 + v_2$

Also gilt die Abgeschlossenheit bezüglich der Addition.

Bei der Abgeschlossenheit der skalaren Multiplikation ist zu zeigen, dass λM Element von $M|$ ist:

$$\lambda M = \lambda \begin{pmatrix} u & v \\ 0 & u+v \end{pmatrix} = \begin{pmatrix} \lambda u & \lambda v \\ 0 & \lambda(u+v) \end{pmatrix}$$

Also muss gelten: $\lambda u + \lambda v = \lambda(u+v)$

Da auch diese Bedingung stets erfüllt ist, handelt es sich um einen Vektorraum.

dim M|

Die Dimension eines Vektorraumes entspricht der Anzahl der frei wählbaren Parameter. Also ergibt sich in diesem Fall:

$\dim M| = 2$

Die Basis ist eine minimale Menge von Matrizen, die den Vektorraum aufspannen.

Mit demselben Verfahren, wie es bei Aufgabe 1.4.B.a benutzt wurde, ergibt sich:

$$|B = \left\{ \begin{pmatrix} 1 & 0 \\ 0 & 1 \end{pmatrix}, \begin{pmatrix} 0 & 1 \\ 0 & 1 \end{pmatrix} \right\}$$

1.4.D Zur Lösung dieser Aufgabe muss man sich die wesentlichen **Eigenschaften einer Basis** vergegenwärtigen: Die Basis ist eine minimale (von der Anzahl her) Menge von Vektoren, die den Vektorraum aufspannt (es lässt sich also jedes Element des Vektorraumes als Linearkombination der **Basisvektoren** darstellen).

a) Der $\mathbb{R}^3$ ist ein dreidimensionaler Raum, somit werden drei linear unabhängige Vektoren benötigt, um ihn aufzuspannen. Der Vektor $\vec{a}_3$ muss also so bestimmt werden, dass die Vektoren $\vec{a}_1$, $\vec{a}_2$ und $\vec{a}_3$ linear unabhängig sind. Dieses ist gerade dann der Fall, wenn die Determinante der aus diesen drei Vektoren gebildeten Matrix nicht Null ist:

$$\det \begin{pmatrix} 1 & -1 & 2 \\ 2 & 0 & 3 \\ x & y & z \end{pmatrix} = -3x + 4y - 3y + 2z = -3x + y + 2z$$

Somit ist B_1 eine Basis des $\mathbb{R}^3$, wenn gilt: $-3x + y + 2z \neq 0$

Für x=1 soll ein Beispiel angegeben werden. Hierzu wählt man am einfachsten y und z beide gleich Null. Die obige Bedingung ist nun erfüllt, und somit ist $\{\vec{a}_1, \vec{a}_2, \vec{a}_3\}$ eine Basis des $\mathbb{R}^3$ für
$\vec{a}_3 = (1; 0; 0)$.

b) Auch hier reicht es, die Determinante zu berechnen.
 Für $\vec{a}_1 + \vec{a}_2$ ergibt sich: $(1; -1; 2) + (2; 0; 3) = (3; -1; 5)$

Somit ist folgende Determinante zu berechnen:

$$\det \begin{pmatrix} 3 & -1 & 5 \\ 2 & 0 & 3 \\ 0 & 1 & 0 \end{pmatrix} = 10 - 9 = 1$$

Da die Determinante ungleich Null ist, ist B_2 eine Basis des $\mathbb{R}^3$.

c) Die Aufgabenstellung ist hier leider etwas ungenau. Mit B_1 ist die Basis gemeint, die sich für das Beispiel mit x=1 ergibt. Es muss also folgendes Gleichungssystem gelöst werden:

$$\lambda * (1; -1; 2) + \mu * (2; 0; 3) + \nu * (1; 0; 0) = (2; 3; 4)$$

Derartige Vektorgleichungen müssen immer in allen Komponenten erfüllt sein. Es handelt sich also um folgende drei Gleichungen, die

erfüllt sein müssen:
$$\lambda + 2\mu + \nu = 2$$
$$-\lambda = 3$$
$$2\lambda + 3\mu = 4$$

Aus der zweiten Gleichung folgt sofort: $\lambda = -3$

In die dritte Gleichung eingesetzt, ergibt sich nun:
$$2*(-3) + 3\mu = 4 \Leftrightarrow 3\mu = 10 \Leftrightarrow \mu = \frac{10}{3}$$

Schließlich liefert die erste Gleichung:
$$-3 + 2*\frac{10}{3} + \nu = 2 \Leftrightarrow \nu = 5 - \frac{20}{3} = -\frac{5}{3}$$

Somit lässt sich $\vec{a}_4$ also folgendermaßen als **Linearkombination** über B_1 darstellen:
$$-3*(1;-1;2) + \frac{10}{3}*(2;0;3) - \frac{5}{3}*(1;0;0) = (2;3;4)$$

1.4.E Zunächst ist es sinnvoll, die Dimension des von den Vektoren aufgespannten Vektorraumes zu berechnen. Hierzu wird der Rang der durch die Vektoren gebildeteten Matrix berechnet:

$$\begin{pmatrix} 1 & 0 & 1 & 1 \\ -3 & 3 & 7 & 1 \\ -1 & 3 & 9 & 3 \\ -5 & 3 & 5 & -1 \end{pmatrix} \begin{matrix} \\ +3\mathrm{I} \\ +\mathrm{I} \\ +5\mathrm{I} \end{matrix}$$

$$\begin{pmatrix} 1 & 0 & 1 & 1 \\ 0 & 3 & 10 & 4 \\ 0 & 3 & 10 & 4 \\ 0 & 3 & 10 & 4 \end{pmatrix} \begin{matrix} \\ \\ -\mathrm{II} \\ -\mathrm{II} \end{matrix}$$

$$\begin{pmatrix} 1 & 0 & 1 & 1 \\ 0 & 3 & 10 & 4 \\ 0 & 0 & 0 & 0 \\ 0 & 0 & 0 & 0 \end{pmatrix}$$

Der Rang ist also 2. Somit spannen die Vektoren nur einen zweidimensionalen Vektorraum auf. Es gilt: dimU = 2

Als Basis können nun 2 der 4 gegebenen Vektoren gewählt werden. Allerdings dürfen diese Vektoren nicht unter sich linear abhängig sein. Es darf also nicht der eine der gewählten Vektoren ein Vielfaches des anderen sein. Bei den gegebenen Vektoren trifft dies für keine Vektoren zu, so dass zwei der Vektoren beliebig gewählt werden können, z.B.:

$B = \{(1, 0, 1, 1); (-3, 3, 7, 1)\}$

Nun müssen noch $\vec{a}_3$ und $\vec{a}_4$ als Linearkombination dieser beiden Vektoren dargestellt werden. Folgende Gleichung ist also für $\vec{a}_3$ zu lösen:

$\lambda(1, 0, 1, 1) + \mu(-3, 3, 7, 1) = (-1, 3, 9, 3)$

Statt das sich ergebende Gleichungssystem zu lösen, kann hier die Lösung aber auch einfach durch Betrachten der Gleichung gefunden werden, denn für λ und μ ergibt sich eine sehr einfache Lösung. Bei $\lambda=2$ und $\mu=1$ ergibt sich für alle Komponenten der richtige Wert.

$\vec{a}_4$ ergibt sich als Linearkombination über $-2\vec{a}_1 + \vec{a}_2$. Insgesamt ergibt sich also:

$\vec{a}_3 = 2\vec{a}_1 + \vec{a}_2$ und $\vec{a}_4 = -2\vec{a}_1 + \vec{a}_2$

1.4.F Diese Aufgabe ist relativ schwierig. Eine Möglichkeit zur Lösung besteht darin, zu zeigen, dass alle E_{ij} linear unabhängig sind und gleichzeitig die Anzahl der Matrizen E_{ij} der Dimension von V entspricht. Denn daraus folgt zwangsläufig, dass $\{E_{ij}\}$ eine Basis von V ist.

Die Dimension von V ist $m*n$, denn jedes Element der Matrix ist frei wählbar. Die Matrizen E_{ij} sind so definiert, dass sie an einer Stelle eine 1 stehen haben und ansonsten nur Nullen. Die Menge $\{E_{ij}\}$ enthält alle möglichen derartigen Matrizen. Da die 1 an jeder beliebigen Stelle stehen kann, enthält $\{E_{ij}\}$ gerade $m*n$ Matrizen. Die Anzahl der Elemente von $\{E_{ij}\}$ entspricht also gerade der Dimension von V.

Nun muss noch gezeigt werden, dass alle E_{ij} linear unabhängig sind. Linear unabhängig sind sie dann, wenn folgende Gleichung nur für alle $\lambda_{ij} = 0$ lösbar ist:

$$\sum_{i=1}^{m} \sum_{j=1}^{n} \lambda_{ij} * E_{ij} = 0$$ (Null steht hier für die (m, n)-Matrix, die nur Nullen enthält)

Diese Gleichung ist tatsächlich nur für alle $\lambda_{ij} = 0$ lösbar. Nachfolgend wird dies am Beispiel von (2, 2)-Matrizen verdeutlicht. Dabei ergibt sich:

$$\lambda_{11}\begin{pmatrix} 1 & 0 \\ 0 & 0 \end{pmatrix} + \lambda_{12}\begin{pmatrix} 0 & 1 \\ 0 & 0 \end{pmatrix} + \lambda_{21}\begin{pmatrix} 0 & 0 \\ 1 & 0 \end{pmatrix} + \lambda_{22}\begin{pmatrix} 0 & 0 \\ 0 & 1 \end{pmatrix} = \begin{pmatrix} 0 & 0 \\ 0 & 0 \end{pmatrix}$$

$$\Leftrightarrow \lambda_{11} = 0 \wedge \lambda_{12} = 0 \wedge \lambda_{21} = 0 \wedge \lambda_{22} = 0$$

1.4.G Die Menge $\mathbb{R}$ ist ein Vektorraum. Denn $\mathbb{R}$ ist nicht leer und ist abgeschlossen bezüglich der Addition und der Skalarmultiplikation. Wenn man zwei Elemente aus $\mathbb{R}$ addiert, ergibt sich wieder ein Element aus $\mathbb{R}$. Wenn man ein Element aus $\mathbb{R}$ mit einem Skalar (einem Element von $\mathbb{R}$) multipliziert, ergibt sich ebenfalls stets ein Element aus $\mathbb{R}$. Also ist $\mathbb{R}$ ein Vektorraum.

Die Dimension ist 1, und eine mögliche Basis ist z.B. 1.

1.4.H Die Abgeschlossenheit bezüglich der Addition und der Skalar-Multiplikation ist hier bereits laut Aufgabenstellung gegeben. Hier sollte gezeigt werden, dass die Vektorraumaxiome erfüllt sind.
Zu zeigen ist zunächst, dass die Menge mit der Verknüpfung "+" eine abelsche (kommutative) Gruppe bildet, d.h.:

Existenz des neutralen Elements:
Sei 0 die Nullfunktion $0(x) = 0$, dann gilt für jede Funktion $f \in V$
$$(f + 0)(x) = f(x) + 0(x) = f(x) + 0 = f(x)$$
Somit ist 0 der Nullvektor in V.

Existenz des inversen Elements:
Für jede Funktion $f \in V$ sei $-f$ die Funktion, die durch $(-f)(x) = -f(x)$ definiert ist. Dann gilt:
$$(f + (-f))(x) = f(x) + (-f)(x) = f(x) - f(x) = 0$$

Kommutativität der Addition:
Es sei f, g∈V, dann gilt
$$(f + g)(x) = f(x) + g(x) = g(x) + f(x) = (g + f)(x)$$

Weiterhin ist für alle f, g∈V, k, l∈K zu zeigen, dass

a) $(k+l)*f = (k*f) + (l*f)$

b) $k(f+g) = (k*f) + (k*g)$

c) $(k*l)*f = k*(l*f)$

d) $1*f = f$

Diese Bedingungen werden im folgenden abgearbeitet:

a) $((k+l)f)(x) = (k+l) f(x) = k*f(x) + l*f(x) = (k*f)(x) + (l*f)(x)$
$= (k*f+l*f)(x)$

b) $(k(f+g)(x) = k((f+g)(x)) = k(f(x)+g(x)) = k*f(x)+k*g(x)$
$= (kf)(x)+(kg)(x) = (kf+kg)(x)$

c) $((k*l)f)(x) = (k*l)f(x) = k(l*f(x)) = k(l*f)(x) = (k(l*f))(x)$

d) $(1*f)(x) = 1*f(x) = f(x)$

Da alle Bedingungen erfüllt sind, ist V ein Vektorraum über K.

1.4.1 Die Nebenbedingung ist weder linear noch homogen. Man kann nun entweder ein Gegenbeispiel zur Abgeschlossenheit angeben oder, da die Nebenbedingung inhomogen ist, darauf verweisen, dass der Nullvektor nicht in der Menge enthalten ist:

Ein Vektorraum muss den Nullvektor enthalten. Die angegebene Menge enthält den Nullvektor nicht und ist somit kein Vektorraum. $0^2 + 0^2 + 0^2 \neq 1$

1.4.J Die Nebenbedingung ist linear und homogen. D.h. die Variablen kommen nur in einfacher Potenz vor und werden auch nicht miteinander multipliziert, und es kommt keine einzelne Zahl oder Konstante vor. Daher handelt es sich um einen Unterraum des $\mathbb{R}^4$.

Man kann die Nebenbedingung nach einer Variablen auflösen und das Ergebnis für diese Variable in die Matrix einsetzen:
$a + d = b + c \Leftrightarrow a = b + c - d$

$$\begin{pmatrix} b+c-d & b \\ c & d \end{pmatrix}$$

Bei der Darstellung der Menge können also drei Parameter frei gewählt werden. Somit ist die Dimension des Unterraumes 3. Eine Basis erhält man, indem man abwechselnd eine der Variablen gleich 1 und die anderen gleich Null setzt:

$$\mathbb{B} = \left\{ \begin{pmatrix} 1 & 1 \\ 0 & 0 \end{pmatrix}, \begin{pmatrix} 1 & 0 \\ 1 & 0 \end{pmatrix}, \begin{pmatrix} -1 & 0 \\ 0 & 1 \end{pmatrix} \right\}$$

1.4.K Bei dieser Aufgabe schreibt man sich am besten zunächst eine Matrix und dann die Nebenbedingung auf:

$$\begin{pmatrix} a & b \\ c & d \end{pmatrix} \Rightarrow a*d - c*b = 0$$

Da in der Nebenbedingung Variable miteinander multipliziert werden, ist sie nicht linear. Somit muss man ein Gegenbeispiel angeben:

$$\begin{pmatrix} 1 & 0 \\ 0 & 0 \end{pmatrix} + \begin{pmatrix} 0 & 0 \\ 0 & 1 \end{pmatrix} = \begin{pmatrix} 1 & 0 \\ 0 & 1 \end{pmatrix}$$
$\quad$ det=0 $\qquad\quad$ det = 0 $\qquad\quad$ det = 1
$\quad\ \in A$ $\qquad\qquad\ \in A$ $\qquad\qquad\ \notin A$

Die Menge ist also nicht abgeschlossen bezüglich der Addition und bildet somit keinen Vektorraum.

1.4.L Bei dieser Aufgabe schreibt man sich am besten zunächst eine Matrix und dann die Nebenbedingung auf:

$$\begin{pmatrix} a & b \\ c & d \end{pmatrix} \Rightarrow a + d = b + c$$

Die Aufgabenstellung entspricht somit genau Aufgabe 1.4.J, und die

Lösung kann mit dieser verglichen werden.

1.4.M a) Bilden die Vektoren $\vec{a}_1$, $\vec{a}_2$ und $\vec{a}_3$ eine Basis des $\mathbb{R}^3$?

Nein, denn aufgrund der Gleichung (i) sind die Vektoren $\vec{a}_1$, $\vec{a}_2$ und $\vec{a}_3$ linear abhängig, daher können sie keine Basis bilden.

b) Bilden die Vektoren $\vec{a}_1$, $\vec{a}_3$ und $\vec{a}_4$ eine Basis des $\mathbb{R}^3$?

Ja, denn $\vec{a}_4$ ist nicht als Linearkombination der Vektoren $\vec{a}_1$ und $\vec{a}_3$ darstellbar (Gleichung (iii)) und die Vektoren $\vec{a}_1$ und $\vec{a}_3$ sind auch nicht untereinander linear abhängig (Gleichung (ii)).

c) Welche Dimension hat der durch die Vektoren $\vec{a}_1$, $\vec{a}_2$ und $\vec{a}_3$ aufgespannte Vektorraum?

Die Dimension ist 2, denn da die Vektoren linear abhängig sind (Gleichung (i)), muss die Dimension des aufgespannten Vektorraumes kleiner als 3 sein. Da die Vektoren $\vec{a}_1$ und $\vec{a}_3$ linear unabhängig sind (Gleichung (ii)), muss die Dimension des aufgespannten Vektorraumes mindestens 2 sein.

d) Sind die Vektoren $\vec{a}_1$, $\vec{a}_2$, $\vec{a}_3$ und $\vec{a}_4$ linear abhängig?

Ja, denn vier Vektoren aus dem $\mathbb{R}^3$ sind immer linear abhängig. Alternativ kann man natürlich auch auf die lineare Abhängigkeit aufgrund der Gleichung (i) verweisen.

1.5 Determinanten, Rang, Inverse

Die Aufgaben werden nachfolgend über die **adjungierte Matrix** berechnet. Matrizen können auch mittels des Gauß-Algorithmus invertiert werden, allerdings dürfte das hier angeführte Verfahren über die adjungierte Matrix weniger anfällig für Rechenfehler sein.

1.5.A Invertieren Sie die Matrix
$$M = \begin{pmatrix} 1 & 0 & 2 \\ 4 & 1 & 8 \\ 1 & 2 & 3 \end{pmatrix}$$

1.5.B Berechnen Sie – falls möglich – die Inverse der folgenden Matrix:
$$A = \begin{pmatrix} 2 & 6 & -5 \\ 0 & 3 & -4 \\ 4 & -1 & 2 \end{pmatrix}$$

1.5.C Man betrachte die Matrizen
$$U = \begin{pmatrix} a & 1 & 0 \\ 1 & a & 1 \\ 0 & 1 & a \end{pmatrix}$$
mit $a \in \mathbb{R}$ und bestimme rang(U), det(U) sowie U^{-1}, sofern dies existiert.

1.5.D Sei
$$M(k) = \begin{pmatrix} 1 & 0 & -3 \\ 2 & k & -1 \\ 1 & 2 & k \end{pmatrix}$$

a) Berechnen Sie det M(k).

b) Für welche Werte von k ist M(k) singulär?

c) Berechnen Sie die Inverse von M(3)!

1.5.E Betrachten Sie die Matrix
$$A = \begin{pmatrix} a & 0 & b \\ 0 & b & 0 \\ b & a & a \end{pmatrix} \qquad a, b \in \mathbb{R}$$

Bestimmen Sie in Abhängigkeit von a und b rang(A), det(A) und A^{-1}, falls diese Matrix existiert.

1.5.F a) Untersuchen Sie, für welche $a \in \mathbb{R}$ die Matrix
$$A = \begin{pmatrix} 1 & a & 1 \\ 1 & 4 & a \\ 2 & a & -4 \end{pmatrix} \quad \text{regulär ist.}$$

Welchen Rang hat A in den Fällen, bei denen A singulär ist?

b) Bestimmen Sie zu der Matrix aus Aufgabe a) für den Fall $a=0$ die Inverse Matrix.

1.5.G Geben Sie den Rang der folgenden Matrix an:
$$\begin{pmatrix} 1 & 3 & 1 & -2 & -3 \\ 1 & 4 & 3 & -1 & -4 \\ 2 & 3 & -4 & -7 & -3 \\ 3 & 8 & 1 & -7 & -8 \end{pmatrix}$$

1.5.H Gegeben seien die Matrizen
$$A = \begin{pmatrix} 3 & -1 & -2 \\ -4 & 2 & 1 \\ 1 & 0 & 6 \end{pmatrix}, B = \begin{pmatrix} 1 & 0 & a \\ 0 & 1 & 0 \\ 0 & a^2 & 1 \end{pmatrix}.$$

Geben Sie die folgenden Größen an:

a) $\det(A)$
b) $\det(A^{-1})$
c) $\det(A^{-1} * B)$
d) $\text{Rang}(A * B)$

1.5.I Zeigen Sie, dass gilt:
$$\det \begin{pmatrix} (a_1+b_1) & c_1 \\ (a_2+b_2) & c_2 \end{pmatrix} = \det \begin{pmatrix} a_1 & c_1 \\ a_2 & c_2 \end{pmatrix} + \det \begin{pmatrix} b_1 & c_1 \\ b_2 & c_2 \end{pmatrix}$$

1.5.J Gegeben seien die Matrizen $A, B, C \in \mathbb{R}^3$ mit folgenden Eigenschaften:

(i) $\det(A) = 2$
(ii) $\det(AB) = 2$
(iii) BC ist singulär

Berechnen Sie:

a) det(CA)
b) det(-AB^{-1})
c) det(BC + B^{-1}C)
d) det(C + C)

1.5.K Gegeben sei die Matrix:

$$A = \begin{pmatrix} 2 & -1 & 0 & 1 \\ 1 & 2 & 1 & 2 \\ 1 & 0 & 2 & 1 \\ 1 & 2 & 0 & 1 \end{pmatrix}$$

Berechnen Sie:

a) det(A)
b) det(A+A)
c) det(A^2)

Lösungsvorschläge zu 1.5:

1.5.A Zunächst wird det(A) berechnet. Nur wenn det(A) ungleich Null ist, existiert die Inverse Matrix.

$$\det M = \det \begin{pmatrix} 1 & 0 & 2 \\ 4 & 1 & 8 \\ 1 & 2 & 3 \end{pmatrix} = 3 + 16 - 2 - 16 = 1$$

die Inverse existiert also immer

Die Inverse ergibt sich als: $\frac{1}{\det A}$ adj(A)

Berechnung der Adjungierten (adj(A)):

Zunächst wird die ursprüngliche Matrix transponiert.

$$A^T = \begin{pmatrix} 1 & 4 & 1 \\ 0 & 1 & 2 \\ 2 & 8 & 3 \end{pmatrix}$$

Durch das Streichen der jeweiligen Zeile und Spalte ergeben sich "Restmatrizen". Die Determinante dieser "Rest- oder Untermatrizen" wird in eine Matrix geschrieben. Vor diesen Determinanten müssen jeweils alternierend die Vorzeichen + und - stehen:

$$\text{adj}(A) = \begin{pmatrix} +\begin{vmatrix} 1 & 2 \\ 8 & 3 \end{vmatrix} & -\begin{vmatrix} 0 & 2 \\ 2 & 3 \end{vmatrix} & +\begin{vmatrix} 0 & 1 \\ 2 & 8 \end{vmatrix} \\ -\begin{vmatrix} 4 & 1 \\ 8 & 3 \end{vmatrix} & +\begin{vmatrix} 1 & 1 \\ 2 & 3 \end{vmatrix} & -\begin{vmatrix} 1 & 4 \\ 2 & 8 \end{vmatrix} \\ +\begin{vmatrix} 4 & 1 \\ 1 & 2 \end{vmatrix} & -\begin{vmatrix} 1 & 1 \\ 0 & 2 \end{vmatrix} & +\begin{vmatrix} 1 & 4 \\ 0 & 1 \end{vmatrix} \end{pmatrix}$$

Die Determinanten in der Matrix lassen sich nun relativ einfach ausrechnen (Hauptdiagonale minus Nebendiagonale).

$$\text{adj}(A) = \begin{pmatrix} -13 & 4 & -2 \\ -4 & 1 & 0 \\ 7 & -2 & 1 \end{pmatrix}$$

Für A^{-1} folgt nun:

$$A^{-1} = \frac{1}{\det A} \text{adj}(A) = \frac{1}{1} \begin{pmatrix} -13 & 4 & -2 \\ -4 & 1 & 0 \\ 7 & -2 & 1 \end{pmatrix} = \begin{pmatrix} -13 & 4 & -2 \\ -4 & 1 & 0 \\ 7 & -2 & 1 \end{pmatrix}$$

1.5.B

$$A = \begin{pmatrix} 2 & 6 & -5 \\ 0 & 3 & -4 \\ 4 & -1 & 2 \end{pmatrix}$$

$$\det(A) = 12 - 96 + 60 - 8 = -32$$

Da det(A) ungleich Null ist, ist die Matrix invertierbar.

$$A^T = \begin{pmatrix} 2 & 0 & 4 \\ 6 & 3 & -1 \\ -5 & -4 & 2 \end{pmatrix}$$

$$\text{adj}(A) = \begin{pmatrix} +\begin{vmatrix} 3 & -1 \\ -4 & 2 \end{vmatrix} & -\begin{vmatrix} 6 & -1 \\ -5 & 2 \end{vmatrix} & +\begin{vmatrix} 6 & 3 \\ -5 & -4 \end{vmatrix} \\ -\begin{vmatrix} 0 & 4 \\ -4 & 2 \end{vmatrix} & +\begin{vmatrix} 2 & 4 \\ -5 & 2 \end{vmatrix} & -\begin{vmatrix} 2 & 0 \\ -5 & -4 \end{vmatrix} \\ +\begin{vmatrix} 0 & 4 \\ 3 & -1 \end{vmatrix} & -\begin{vmatrix} 2 & 4 \\ 6 & -1 \end{vmatrix} & +\begin{vmatrix} 2 & 0 \\ 6 & 3 \end{vmatrix} \end{pmatrix}$$

$$\text{adj}(A) = \begin{pmatrix} 2 & -7 & -9 \\ -16 & 24 & 8 \\ -12 & 26 & 6 \end{pmatrix}$$

$$A^{-1} = \frac{1}{\det A} \text{adj}(A) = \begin{pmatrix} -0{,}0625 & 0{,}21875 & 0{,}28125 \\ 0{,}5 & -0{,}75 & -0{,}25 \\ 0{,}375 & -0{,}8125 & -0{,}1875 \end{pmatrix}$$

1.5.C

$$U = \begin{pmatrix} a & 1 & 0 \\ 1 & a & 1 \\ 0 & 1 & a \end{pmatrix}$$

Zunächst berechnet man am besten die Determinante:

$\det(U) = a^3 - a - a = a^3 - 2a$

Ist die Determinante ungleich Null, so hat die Matrix vollen Rang, also in diesem Fall einen Rang von 3.

$\det U = 0 \Leftrightarrow a^3 - 2a = 0 \Leftrightarrow a(a^2 - 2) = 0 \Leftrightarrow a = 0 \lor a^2 - 2 = 0$

$\Leftrightarrow a = 0 \lor a^2 = 2 \Leftrightarrow a = 0 \lor a = \sqrt{2} \lor a = -\sqrt{2}$

Für a ungleich 0, $\sqrt{2}$ und $-\sqrt{2}$ ist der Rang von U also 3.

Für a=0 ergibt sich:

$$U(0) = \begin{pmatrix} 0 & 1 & 0 \\ 1 & 0 & 1 \\ 0 & 1 & 0 \end{pmatrix}$$

Mittels elementarer Zeilenumformungen muss nun der Rang bestimmt werden.

$$\begin{pmatrix} 0 & 1 & 0 \\ 1 & 0 & 1 \\ 0 & 1 & 0 \end{pmatrix} - I$$

$$\begin{pmatrix} 0 & 1 & 0 \\ 1 & 0 & 1 \\ 0 & 0 & 0 \end{pmatrix}$$

Weitere Zeilen, die nur aus Nullen bestehen, lassen sich nun nicht mehr produzieren, so dass der Rang für a=0 2 ist (zwei Zeilen bestehen nicht nur aus Nullen). Analog muss nun die Matrix für $a = \sqrt{2}$ und $a = -\sqrt{2}$ betrachtet

werden:
$$U(\sqrt{2}) = \begin{pmatrix} \sqrt{2} & 1 & 0 \\ 1 & \sqrt{2} & 1 \\ 0 & 1 & \sqrt{2} \end{pmatrix} * \sqrt{2}$$

$$\begin{pmatrix} \sqrt{2} & 1 & 0 \\ \sqrt{2} & 2 & \sqrt{2} \\ 0 & 1 & \sqrt{2} \end{pmatrix} -I$$

$$\begin{pmatrix} \sqrt{2} & 1 & 0 \\ 0 & 1 & \sqrt{2} \\ 0 & 1 & \sqrt{2} \end{pmatrix} -II$$

$$\begin{pmatrix} \sqrt{2} & 1 & 0 \\ 0 & 1 & \sqrt{2} \\ 0 & 0 & 0 \end{pmatrix}$$

⇒ Für a=$\sqrt{2}$ ist rang U = 2

Zuvor wurde die Berechnung durchgeführt, indem die Zeilen zunächst so mit Zahlen multipliziert wurden, dass sich die Nullen durch einfaches Addieren oder Subtrahieren ergaben. Nachfolgend wird gleich ein entsprechendes Vielfaches der Zeile addiert (subtrahiert). Für die meisten dürfte es sich hierbei in diesem Fall wegen der auftretenden Brüche um die schwierigere Methode handeln. In anderen Fällen ist es aber auch die einfachere Methode. Nachfolgend wird es benutzt, obwohl die Aufgabe natürlich auch mit dem vorherigen Verfahren gelöst werden kann.

$$U(-\sqrt{2}) = \begin{pmatrix} -\sqrt{2} & 1 & 0 \\ 1 & -\sqrt{2} & 1 \\ 0 & 1 & -\sqrt{2} \end{pmatrix} + (I/\sqrt{2})$$

$$\begin{pmatrix} -\sqrt{2} & 1 & 0 \\ 0 & -\sqrt{2}+1/\sqrt{2} & 1 \\ 0 & 1 & -\sqrt{2} \end{pmatrix}$$

$$\begin{pmatrix} -\sqrt{2} & 1 & 0 \\ 0 & -1/\sqrt{2} & 1 \\ 0 & 1 & -\sqrt{2} \end{pmatrix} +\sqrt{2}*II$$

$$\begin{pmatrix} -\sqrt{2} & 1 & 0 \\ 0 & -1/\sqrt{2} & 1 \\ 0 & 0 & 0 \end{pmatrix}$$

$\Rightarrow$ Für $a = -\sqrt{2}$ gilt rang $U = 2$.

Für a ungleich 0, $\sqrt{2}$ oder $-\sqrt{2}$ lässt sich die Inverse bestimmen. Es ergibt sich (da die Matrix symmetrisch ist, ist $U = U^T$):

$$U^T = \begin{pmatrix} a & 1 & 0 \\ 1 & a & 1 \\ 0 & 1 & a \end{pmatrix}$$

$$\text{adj}(U) = \begin{pmatrix} +\begin{vmatrix} a & 1 \\ 1 & a \end{vmatrix} & -\begin{vmatrix} 1 & 1 \\ 0 & a \end{vmatrix} & +\begin{vmatrix} 1 & a \\ 0 & 1 \end{vmatrix} \\ -\begin{vmatrix} 1 & 0 \\ 1 & a \end{vmatrix} & +\begin{vmatrix} a & 0 \\ 0 & a \end{vmatrix} & -\begin{vmatrix} a & 1 \\ 0 & 1 \end{vmatrix} \\ +\begin{vmatrix} 1 & 0 \\ a & 1 \end{vmatrix} & -\begin{vmatrix} a & 0 \\ 1 & 1 \end{vmatrix} & +\begin{vmatrix} a & 1 \\ 1 & a \end{vmatrix} \end{pmatrix}$$

$$\text{adj}(U) = \begin{pmatrix} a^2-1 & -a & 1 \\ -a & a^2 & -a \\ 1 & -a & a^2-1 \end{pmatrix}$$

$$A^{-1} = \frac{1}{\det A} \text{adj}(U) = \frac{1}{a^3 - 2a} \begin{pmatrix} a^2-1 & -a & 1 \\ -a & a^2 & -a \\ 1 & -a & a^2-1 \end{pmatrix}$$

1.5.D $\quad M(k) = \begin{pmatrix} 1 & 0 & -3 \\ 2 & k & -1 \\ 1 & 2 & k \end{pmatrix}$

a) Für die Determinante ergibt sich:

$$\det M(k) = k^2 - 12 + 3k + 2 = k^2 + 3k - 10$$

b) M(k) ist genau dann singulär, wenn die Determinante gleich Null ist. Also braucht nur die zuvor berechnete Determinante gleich Null gesetzt zu werden:

$$k^2 + 3k - 10 = 0$$

Eine derartige quadratische Gleichung kann mittels einer quadratischen Ergänzung oder mittels der auf diese Weise entstandenen pq-Formel berechnet werden. Hier wird die Gleichung mittels quadratischer Ergänzung gelöst:

$$k^2 + 3k - 10 = 0 \Leftrightarrow (k + 1{,}5)^2 - 2{,}25 - 10 = 0 \mid +12{,}25$$

$$\Leftrightarrow (k + 1{,}5)^2 = 12{,}25 \mid \sqrt{} \Leftrightarrow k + 1{,}5 = 3{,}5 \vee k + 1{,}5 = -3{,}5$$

$$\Leftrightarrow k = 2 \vee k = -5$$

c) M(3) bedeutet, dass für k 3 in die Matrix eingesetzt werden muss. Die Matrix lautet dann:

$$M(3) = \begin{pmatrix} 1 & 0 & -3 \\ 2 & 3 & -1 \\ 1 & 2 & 3 \end{pmatrix}$$

Die Determinante erhält man am einfachsten, indem man in die Lösung aus Teil a) für k = 3 einsetzt:

$$\det M(3) = 3^2 + 3*3 - 10 = 8$$

$$M(3)^T = \begin{pmatrix} 1 & 2 & 1 \\ 0 & 3 & 2 \\ -3 & -1 & 3 \end{pmatrix}$$

$$\mathrm{adj}(M(3)) = \begin{pmatrix} +\begin{vmatrix} 3 & 2 \\ -1 & 3 \end{vmatrix} & -\begin{vmatrix} 0 & 2 \\ -3 & 3 \end{vmatrix} & +\begin{vmatrix} 0 & 3 \\ -3 & -1 \end{vmatrix} \\ -\begin{vmatrix} 2 & 1 \\ -1 & 3 \end{vmatrix} & +\begin{vmatrix} 1 & 1 \\ -3 & 3 \end{vmatrix} & -\begin{vmatrix} 1 & 2 \\ -3 & -1 \end{vmatrix} \\ +\begin{vmatrix} 2 & 1 \\ 3 & 2 \end{vmatrix} & -\begin{vmatrix} 1 & 1 \\ 0 & 2 \end{vmatrix} & +\begin{vmatrix} 1 & 2 \\ 0 & 3 \end{vmatrix} \end{pmatrix}$$

$$\mathrm{adj}(M(3)) = \begin{pmatrix} 11 & -6 & 9 \\ -7 & 6 & -5 \\ 1 & -2 & 3 \end{pmatrix}$$

$$M(3)^{-1} = \frac{1}{\det M} \mathrm{adj}(M) = \begin{pmatrix} 1{,}375 & -0{,}75 & 1{,}125 \\ -0{,}875 & 0{,}75 & -0{,}625 \\ 0{,}125 & -0{,}25 & 0{,}375 \end{pmatrix}.$$

1.5.E

$$\det\begin{pmatrix} a & 0 & b \\ 0 & b & 0 \\ b & a & a \end{pmatrix} = a^2b - b^3 = (a^2-b^2)b$$

Für den Rang sind nun etwas genauere Untersuchungen notwendig. Wenn die Determinante ungleich Null ist, ist der Rang 3:

$$(a^2-b^2)b = 0 \Leftrightarrow a^2-b^2 = 0 \vee b = 0 \Leftrightarrow a^2 = b^2 \vee b = 0$$
$$\Leftrightarrow a = b \vee a = -b \vee b = 0$$

Somit gilt für $a \neq b \wedge a \neq -b \wedge b \neq 0$: rang(A) = 3

Nun muss untersucht werden, wie groß der Rang in den Fällen ist, in denen er kleiner als drei ist. Hierzu müssen alle möglichen Fälle, bei denen die Determinante Null wird, untersucht werden. Für b = 0 muss weiterhin unterschieden werden, ob a Null oder ungleich Null ist. Wenn a auch Null ist, besteht die Matrix nur aus Nullen, und der Rang ist somit Null. Für $a \neq 0$ ergibt sich folgende Matrix:

$$\begin{pmatrix} a & 0 & 0 \\ 0 & 0 & 0 \\ 0 & a & a \end{pmatrix}$$

$$\begin{pmatrix} a & 0 & 0 \\ 0 & a & a \\ 0 & 0 & 0 \end{pmatrix}$$

Die Matrix ist nun in Zeilen-Stufen-Form, es können keine weiteren Nullzeilen produziert werden, und somit ist der Rang 2.

$$b = 0 \quad \wedge a = 0 \qquad \text{rang}(A) = 0$$
$$b = 0 \quad \wedge a \neq 0 \qquad \text{rang}(A) = 2$$

Nun müssen noch die Fälle a = b und a = -b untersucht werden. Die Variablen müssen hierbei jeweils ungleich Null sein, denn sonst würde es sich um den schon behandelten Fall mit a und b gleich Null handeln.

$$a = b \quad \begin{pmatrix} b & 0 & b \\ 0 & b & 0 \\ b & b & b \end{pmatrix} \begin{matrix} \\ \\ -I \ -II \end{matrix}$$

$$\begin{pmatrix} b & 0 & b \\ 0 & b & 0 \\ 0 & 0 & 0 \end{pmatrix} \Rightarrow \text{rang}(A) = 2$$

$$a = -b \quad \begin{pmatrix} -b & 0 & b \\ 0 & b & 0 \\ b & -b & -b \end{pmatrix} \begin{matrix} \\ \\ +I\ +II \end{matrix}$$

$$\begin{pmatrix} -b & 0 & b \\ 0 & b & 0 \\ 0 & 0 & 0 \end{pmatrix} \Rightarrow \text{rang}(A) = 2$$

Somit ergibt sich:

$$a = b \quad \wedge b \neq 0 \qquad \text{rang}(A) = 2$$
$$a = -b \quad \wedge b \neq 0 \qquad \text{rang}(A) = 2$$

Für det(A) ungleich Null kann nun die Inverse berechnet werden:

$$A^T = \begin{pmatrix} a & 0 & b \\ 0 & b & a \\ b & 0 & a \end{pmatrix}$$

$$\text{adj}(A) = \begin{pmatrix} +\begin{vmatrix} b & a \\ 0 & a \end{vmatrix} & -\begin{vmatrix} 0 & a \\ b & a \end{vmatrix} & +\begin{vmatrix} 0 & b \\ b & 0 \end{vmatrix} \\ -\begin{vmatrix} 0 & b \\ 0 & a \end{vmatrix} & +\begin{vmatrix} a & b \\ b & a \end{vmatrix} & -\begin{vmatrix} a & 0 \\ b & 0 \end{vmatrix} \\ +\begin{vmatrix} 0 & b \\ b & a \end{vmatrix} & -\begin{vmatrix} a & b \\ 0 & a \end{vmatrix} & +\begin{vmatrix} a & 0 \\ 0 & b \end{vmatrix} \end{pmatrix}$$

$$\text{adj}(A) = \begin{pmatrix} ab & ab & -b^2 \\ 0 & a^2-b^2 & 0 \\ -b^2 & -a^2 & ab \end{pmatrix}$$

$$A^{-1} = \frac{1}{\det A} \text{adj}(A) = \begin{pmatrix} \frac{a}{a^2-b^2} & \frac{a}{a^2-b^2} & \frac{-b}{a^2-b^2} \\ 0 & \frac{1}{b} & 0 \\ \frac{-b}{a^2-b^2} & \frac{-a^2}{b(a^2-b^2)} & \frac{a}{a^2-b^2} \end{pmatrix}$$

1.5.F a) Eine Matrix ist regulär, wenn sie vollen Rang hat. Somit ist sie genau dann regulär, wenn ihre Determinante ungleich Null ist.

$$\det \begin{pmatrix} 1 & a & 1 \\ 1 & 4 & a \\ 2 & a & -4 \end{pmatrix} = -16 + 2a^2 + a - 8 - a^2 + 4a = 0$$

$\Leftrightarrow a^2 + 5a - 24 = 0 \Leftrightarrow (a+2,5)^2 - 6,25 - 24 = 0$

$\Leftrightarrow (a+2,5)^2 = 30,25 \Leftrightarrow a+2,5 = \pm 5,5 \Leftrightarrow a = 3 \ \lor \ a = -8$

Für alle Werte aus $\mathbb{R}$ außer 3 und -8 ist die Matrix regulär.

Singulär ist die Matrix, wenn sie nicht regulär ist. In diesen Fällen ist der Rang der Matrix auf jeden Fall kleiner als 3. Wie groß er aber genau ist, muss noch mit dem Gauß-Algorithmus überprüft werden:

$$\begin{pmatrix} 1 & 3 & 1 \\ 1 & 4 & 3 \\ 2 & 3 & -4 \end{pmatrix} \begin{matrix} \\ -I \\ -2I \end{matrix} \qquad \begin{pmatrix} 1 & -8 & 1 \\ 1 & 4 & -8 \\ 2 & -8 & -4 \end{pmatrix} \begin{matrix} \\ -I \\ -2I \end{matrix}$$

$$\begin{pmatrix} 1 & 3 & 1 \\ 0 & 1 & 2 \\ 0 & -3 & -6 \end{pmatrix} \begin{matrix} \\ \\ +3II \end{matrix} \qquad \begin{pmatrix} 1 & -8 & 1 \\ 0 & 12 & -9 \\ 0 & 8 & -6 \end{pmatrix} \begin{matrix} \\ \\ -2/3II \end{matrix}$$

$$\begin{pmatrix} 1 & 3 & 1 \\ 0 & 1 & 2 \\ 0 & 0 & 0 \end{pmatrix} \qquad \begin{pmatrix} 1 & -8 & 1 \\ 0 & 12 & -9 \\ 0 & 0 & 0 \end{pmatrix}$$

In beiden Matrizen lassen sich keine weiteren Nullzeilen mehr produzieren. Somit hat die Matrix in beiden Fällen, in denen sie singulär ist, den Rang 2.

b) Die zu invertierende Matrix lautet:

$$\begin{pmatrix} 1 & 0 & 1 \\ 1 & 4 & 0 \\ 2 & 0 & -4 \end{pmatrix}$$

Die Determinante kann mittels der zuvor berechneten Formel berechnet werden: $\det A(0) = 0^2 + 5*0 - 24 = -24$

$$A(0)^T = \begin{pmatrix} 1 & 1 & 2 \\ 0 & 4 & 0 \\ 1 & 0 & -4 \end{pmatrix}$$

$$\mathrm{adj}(A(0)) = \begin{pmatrix} +\begin{vmatrix} 4 & 0 \\ 0 & -4 \end{vmatrix} & -\begin{vmatrix} 0 & 0 \\ 1 & -4 \end{vmatrix} & +\begin{vmatrix} 0 & 4 \\ 1 & 0 \end{vmatrix} \\ -\begin{vmatrix} 1 & 2 \\ 0 & -4 \end{vmatrix} & +\begin{vmatrix} 1 & 2 \\ 1 & -4 \end{vmatrix} & -\begin{vmatrix} 1 & 1 \\ 1 & 0 \end{vmatrix} \\ +\begin{vmatrix} 1 & 2 \\ 4 & 0 \end{vmatrix} & -\begin{vmatrix} 1 & 2 \\ 0 & 0 \end{vmatrix} & +\begin{vmatrix} 1 & 1 \\ 0 & 4 \end{vmatrix} \end{pmatrix}$$

$$\mathrm{adj}(A(0)) = \begin{pmatrix} -16 & 0 & -4 \\ 4 & -6 & 1 \\ -8 & 0 & 4 \end{pmatrix}$$

$$A(0)^{-1} = \frac{1}{\det A} \mathrm{adj}(A) = \begin{pmatrix} 2/3 & 0 & 1/6 \\ -1/6 & 1/4 & -1/24 \\ 1/3 & 0 & -1/6 \end{pmatrix}.$$

1.5.G Der Rang wird mit dem Gauß-Algorithmus bestimmt:

$$\begin{pmatrix} 1 & 3 & 1 & -2 & -3 \\ 1 & 4 & 3 & -1 & -4 \\ 2 & 3 & -4 & -7 & -3 \\ 3 & 8 & 1 & -7 & -8 \end{pmatrix} \begin{matrix} -\mathrm{I} \\ -2*\mathrm{I} \\ -3*\mathrm{I} \end{matrix}$$

$$\begin{pmatrix} 1 & 3 & 1 & -2 & -3 \\ 0 & 1 & 2 & 1 & -1 \\ 0 & -3 & -6 & -3 & 3 \\ 0 & -1 & -2 & -1 & 1 \end{pmatrix} \begin{matrix} \\ +3*\mathrm{II} \\ +\mathrm{II} \end{matrix}$$

$$\begin{pmatrix} 1 & 3 & 1 & -2 & -3 \\ 0 & 1 & 2 & 1 & -1 \\ 0 & 0 & 0 & 0 & 0 \\ 0 & 0 & 0 & 0 & 0 \end{pmatrix}$$

Da nur zwei Zeilen übrigbleiben, die nicht nur aus Nullen bestehen, ist der Rang der Matrix 2.

1.5.H a) det(A) = 36 + (−1) + 0 − (−4) − 0 − 24 = 15

b) $\det(A^{-1}) = \frac{1}{\det(A)} = \frac{1}{15}$

c) $\det(A^{-1} * B) = \det(A^{-1}) * \det(B)$
det(B) = 1
$\Rightarrow \det(A^{-1} * B) = \frac{1}{15} * 1 = \frac{1}{15}$

d) Wenn die Matrix B vollen Rang (in diesem Fall Rang 3) hat, gilt:
Rang(A∗B) = Rang(A)
Da die Determinante von B ungleich Null ist, hat B vollen Rang. Da die Determinante von A auch ungleich Null ist, hat auch A vollen Rang. Somit gilt Rang(A) = 3
$\Rightarrow$ Rang(A∗B) = Rang(A) = 3

1.5.I Am einfachsten lässt sich diese Aufgabe lösen, indem man beide Seiten der Gleichung ausrechnet und zeigt, dass sie gleich sind.

$$\det \begin{pmatrix} (a_1+b_1) & c_1 \\ (a_2+b_2) & c_2 \end{pmatrix} = \det \begin{pmatrix} a_1 & c_1 \\ a_2 & c_2 \end{pmatrix} + \det \begin{pmatrix} b_1 & c_1 \\ b_2 & c_2 \end{pmatrix}$$

$\Leftrightarrow (a_1+b_1) * c_2 - (a_2+b_2) * c_1 = a_1 * c_2 - a_2 * c_1 + b_1 * c_2 - b_2 * c_1$
$\Leftrightarrow a_1 * c_2 + b_1 * c_2 - a_2 * c_1 - b_2 * c_1 = a_1 * c_2 - a_2 * c_1 + b_1 * c_2 - b_2 * c_1$
$\Leftrightarrow a_1 * c_2 - a_2 * c_1 + b_1 * c_2 - b_2 * c_1 = a_1 * c_2 - a_2 * c_1 + b_1 * c_2 - b_2 * c_1$

q.e.d.

1.5.J Aus den angeführten Eigenschaften:

    (i) det(A) = 2
    (ii) det(AB) = 2
    (iii) BC ist singulär

lässt sich folgern:

    det(AB) = 2   (ii)
    $\Leftrightarrow$ det(A) ∗ det(B) = 2
    $\Leftrightarrow$ 2 ∗ det(B) = 2 | / 2   (i)

$\Leftrightarrow \det(B) = 1$

Da BC singulär ist, muss gelten:

$\det(BC) = 0$ (iii)

$\Leftrightarrow \det(B) * \det(C) = 0$

$\Leftrightarrow 1 * \det(C) = 0$

$\Leftrightarrow \det(C) = 0$

Mit den gefundenen Ergebnissen können nun die Aufgaben gelöst werden:

a) $\det(CA) = \det(C) * \det(A) = 2*0 = 0$

b) $\det(-AB^{-1})$
$= \det(-A) * \det(B^{-1})$
$= (-1)^3 * \det(A) * \dfrac{1}{\det(B)}$ ($(-1)^3$ da A eine (3, 3)-Matrix ist)
$= -2 * \dfrac{1}{1} = -2$

c) $\det(BC + B^{-1}C)$
$= \det((B + B^{-1})*C)$
$= \det(B + B^{-1}) * \det(C)$
$= \det(B + B^{-1}) * 0 = 0$

d) $\det(C + C) = \det(2*C) = 2^3 * \det(C) = 0$

1.5.K a) Es handelt sich bei der Matrix um eine 4x4-Matrix. Zur Berechnung der Determinante kann die Matrix entweder mit elementaren Zeilenumformungen in eine obere Dreiecksmatrix umgewandelt werden, oder es wird der Laplace-Entwicklungssatz benutzt. Dieser wird nachfolgend zur Lösung verwendet.

$$A = \begin{pmatrix} 2 & -1 & 0 & 1 \\ 1 & 2 & 1 & 2 \\ 1 & 0 & 2 & 1 \\ 1 & 2 & 0 & 1 \end{pmatrix}$$

Die Matrix enthält einige Nullen, am besten wählt man zunächst die Zeile oder Spalte mit den meisten Nullen aus. In diesem Fall ist es die 3. Spalte, nach dieser wird die Matrix entwickelt, dabei ergibt sich:

$$\det(A) = 0\begin{vmatrix} 1 & 2 & 2 \\ 1 & 0 & 1 \\ 1 & 2 & 1 \end{vmatrix} - 1\begin{vmatrix} 2 & -1 & 1 \\ 1 & 0 & 1 \\ 1 & 2 & 1 \end{vmatrix} + 2\begin{vmatrix} 2 & -1 & 1 \\ 1 & 2 & 2 \\ 1 & 2 & 1 \end{vmatrix} - 0\begin{vmatrix} 2 & -1 & 1 \\ 1 & 2 & 2 \\ 1 & 0 & 1 \end{vmatrix}$$

Es wurden zunächst alle Terme aufgeschrieben, allerdings ist dies eigentlich nicht nötig, denn überall, wo eine Null vor der Determinante steht, verschwindet der gesamte Term. Man hätte also auch gleich Folgendes schreiben können:

$$\det(A) = -1\begin{vmatrix} 2 & -1 & 1 \\ 1 & 0 & 1 \\ 1 & 2 & 1 \end{vmatrix} + 2\begin{vmatrix} 2 & -1 & 1 \\ 1 & 2 & 2 \\ 1 & 2 & 1 \end{vmatrix}$$

$$= -(-1 + 2 - 4 + 1) + 2(4 - 2 + 2 - 2 - 8 + 1)$$
$$= -(-2) + 2(-5) = 2 - 10 = -8$$

b) det(A+A) = det(2A)

Nun kann der Faktor 2 aus der Determinante herausgezogen werden, hierbei gilt, dass der Faktor mit der Anzahl der Zeilen der Matrix potenziert werden muss. Es ergibt sich:

$= 2^4 * \det(A) = 16 * (-8) = -128$

c) $\det(A^2) = (\det(A))^2 = (-8)^2 = 64$

Auch hier wurde wieder eine Rechenregel für Determinanten benutzt. Auch ohne die Anwendung der Rechenregeln hätten die Aufgaben gelöst werden können, die Lösung wäre dann aber erheblich aufwendiger gewesen.

1.6 Lineare Gleichungssysteme (Gauß-Algorithmus)

1.6.A Lösen Sie das lineare Gleichungssystem
$2x_1 + x_2 + 3x_3 = 1$
$4x_1 + 3x_2 + 7x_3 = -1$
$-8x_1 + 6x_2 - 9x_3 = 8$
mit dem Gauß-Algorithmus.

1.6.B Man löse das folgende Gleichungssystem mit dem Gauß-Algorithmus:

$\ \ x_1 + 2x_2 + 3x_3 = 4$
$\wedge\ \ 5x_1 + 6x_2 + 7x_3 = 8$
$\wedge\ \ 9x_1 + 10x_2 + 11x_3 = 12$

1.6.C Bestimmen Sie die Werte von m so, dass das Gleichungssystem in den Unbekannten x, y und z:
a) eine eindeutige Lösung hat,
b) keine Lösung hat,
c) mehr als eine Lösung hat.:

$mx + y + z = 1$
$x + my = 1$
$x + y + z = 1$

1.6.D Führen Sie mit dem Gauß-Algorithmus das lineare Gleichungssystem
$2x_1 + 3x_2 + 2x_3 = 4$
$-2x_2 + 3x_3 = 2$
$2x_1 + x_2 + 5x_3 = k \quad k \in \mathbb{R}$

in Dreiecksform über. Bestimmen Sie k so, dass das System lösbar ist, und geben Sie dann alle Lösungen an.

1.6.E Lösen Sie mit dem Gauß-Algorithmus das folgende LGS:

$\ \ x + 2y - 3z + 2w = 2$
$\wedge\ \ 2x + 5y - 8z + 6w = 5$
$\wedge\ \ 3x + 4y - 5z + 2w = 4$

1.6.F Das Modell eines Marktes für drei Güter werde durch folgendes Gleichungssystem beschrieben:

$$-cp_2 + bp_3 = 4$$
$$cp_1 - ap_3 = 3$$
$$-bp_1 + ap_2 = 6$$

Dabei seien $p_1, p_2, p_3 \in \mathbb{R}$ die Preise für diese Güter und $a, b, c \in \mathbb{R}$ Konstanten, welche alle nicht Null sind.

a) Zeigen Sie mit Hilfe des Gauß'schen Algorithmus, dass das System genau dann lösbar ist, wenn die Beziehung $4a + 3b + 6c$ gilt.

b) Warum existiert für keine Wahl der Konstanten $a, b, c \in \mathbb{R}$ ein eindeutig bestimmbarer Gleichgewichtsvektor $p = (p_1, p_2, p_3)$, der also eine Lösung des obigen Gleichungssystems darstellt.

1.6.G Lösen Sie mit dem Gauß-Algorithmus das folgende Gleichungssystem

$$6x_1 - 7x_2 \quad\quad - x_4 = 1$$
$$\wedge \; 2x_1 - 3x_2 - x_3 + 4x_4 = -2$$
$$\wedge \; 2x_1 + x_2 + 2x_3 - 22x_4 = 12$$

Lösungsvorschläge zu 1.6:

Anmerkungen zu den Lösungen:

Bei den betrachteten Aufgaben sind die Variablen zumeist schon sortiert. Wenn dies bei Aufgaben nicht der Fall sein sollte, so müssen die Variablen natürlich zunächst noch sortiert werden, bevor die erweiterte Koeffizientenmatrix gebildet werden kann.

Zumeist werden bei den Lösungen passende Vielfache der einen Zeile von den anderen Zeilen addiert oder subtrahiert. Dieses Verfahren dürfte aber nur dann sinnvoll sein, wenn es sich um relativ einfache Zahlen handelt. Bei der Aufgabe 1.6.G würden sich bei diesem Verfahren Brüche ergeben, die für viele kompliziert zu handhaben sind. Daher wurden dort die Zeilen zunächst so multipliziert, dass sich das kleinste gemeinsame Vielfache ergibt. Dann lassen sich die Nullen durch einfaches Addieren oder Subtrahieren "produzieren".

Sobald man mit dem Gauß-Algorithmus die Matrix in Zeilen-Stufen-Form

1.6 Lineare Gleichungssysteme

gebracht hat, gibt es zwei unterschiedliche Möglichkeiten zum weiteren Vorgehen. Es kann entweder weiter die Matrix umgeformt werden, oder die Matrix kann wieder in Gleichungen umgesetzt und die Lösung dann schrittweise durch Einsetzen ermittelt werden. Bei der Aufgabe 1.6.A werden beide Varianten durchgeführt. Bei den späteren Aufgaben wird dann nur eines der Verfahren benutzt. Natürlich sind beide Verfahren korrekt. Allerdings könnte es sein, dass an einigen Unis bei Aufgaben zum Gauß-Algorithmus erwartet wird, dass die Umformungen weiter in der Matrix durchgeführt werden. Einfacher dürfte für die meisten das schrittweise Einsetzen sein.

Die Lösungsmenge kann bei unterbestimmten Gleichungssystemen entweder als Vektorgleichung oder in Form von einzelnen Gleichungen für die Variablen bestimmt werden. In der Regel sind am Ende beide Lösungsmöglichkeiten angegeben.

Bei den Lösungen zu den Aufgaben wird generell so vorgegangen, dass unterhalb der Diagonalen überall Nullen produziert werden, und bei unterbestimmten Gleichungssystemen werden immer die freien Variablen aus den "hintersten Spalten" gewählt. In beiden Fällen kann auch anders vorgegangen werden, möglicherweise lassen sich durch ein anderes Vorgehen in bestimmten Fällen Vereinfachungen erreichen. Allerdings werden sich bei einem anderen Vorgehen sicher häufiger Fehler einschleichen, denn dann ergibt sich keine so starke Schematisierung der Aufgaben mehr.

Wenn bei unterbestimmten Gleichungssystemen nicht die letzte(n) Variable(n) als freie Variable gewählt wird, ergibt sich natürlich eine andere Darstellung der Lösung als die nachfolgend angegebene. Vorausgesetzt, dass korrekt gerechnet wurde, sind diese Darstellungen natürlich auch richtig. Schließlich sei noch angemerkt, dass die frei wählbaren Variablen nachfolgend nicht umbenannt werden. Bisweilen ist es üblich, diese in λ (μ, ν) umzubenennen.

1.6.A Zunächst wird die erweiterte Koeffizienten-Matrix aufgestellt:

$$\begin{pmatrix} 2 & 1 & 3 & 1 \\ 4 & 3 & 7 & -1 \\ -8 & 6 & -9 & 8 \end{pmatrix} \begin{matrix} \\ -2*\mathrm{I} \text{ (es wird zweimal die erste Zeile subtrahiert)} \\ +4*\mathrm{I} \text{ (es wird viermal die erste Zeile addiert)} \end{matrix}$$

$$\begin{pmatrix} 2 & 1 & 3 & 1 \\ 0 & 1 & 1 & -3 \\ 0 & 10 & 3 & 12 \end{pmatrix} \begin{matrix} \\ \\ -10*\mathrm{II} \end{matrix}$$

$$\begin{pmatrix} 2 & 1 & 3 & 1 \\ 0 & 1 & 1 & -3 \\ 0 & 0 & -7 & 42 \end{pmatrix} /(-7)$$

$$\begin{pmatrix} 2 & 1 & 3 & 1 \\ 0 & 1 & 1 & -3 \\ 0 & 0 & 1 & -6 \end{pmatrix}$$

Die erste Zeile hätte auch schon längst durch 2 geteilt werden können, um zu erreichen, dass in der Diagonalen überall Einsen stehen. Hier dürfte es aber einfacher sein, dies erst am Ende der Rechnung durchzuführen.

Nachdem die Matrix nun in Zeilen-Stufen-Form gebracht wurde, gibt es zwei verschiedene Möglichkeiten, die Aufgabe zu Ende zu lösen. Einerseits kann die Matrix wieder in Gleichungen umgeschrieben werden; aus der untersten Zeile ergibt sich dann ein Wert für x_3. Dieser kann in der nächst höheren Zeile für x_3 eingesetzt werden. Auf diese Weise kann dann ein Wert für x_2 ermittelt werden usw. . Dieses Verfahren dürfte in der Regel das einfachere Vorgehen sein.

Die Berechnung kann aber auch weiter in der Matrix erfolgen. In diesem Fall müssen auch "oben" Nullen produziert werden.

Nachfolgend werden beide Verfahren skizziert:

a) schrittweises Einsetzen:

$x_3 = -6$
$\Rightarrow x_2 + (-6) = -3 \Leftrightarrow \mathbf{x_2 = 3}$
$\Rightarrow 2x_1 + 3 + 3(-6) = 1 \Leftrightarrow 2x_1 = 16 \Leftrightarrow \mathbf{x_1 = 8}$
Die Lösung lautet also $\mathbf{x_3 = -6}$, $\mathbf{x_2 = 3}$ und $\mathbf{x_1 = 8}$
oder als Lösungsmenge: $|L = \{(8, 3, -6)\}$

b) alternativ weiter mit Matrixumformungen:

$$\begin{pmatrix} 2 & 1 & 3 & 1 \\ 0 & 1 & 1 & -3 \\ 0 & 0 & 1 & -6 \end{pmatrix} \begin{matrix} -3*III \\ -III \\ \end{matrix}$$

$$\begin{pmatrix} 2 & 1 & 0 & 19 \\ 0 & 1 & 0 & 3 \\ 0 & 0 & 1 & -6 \end{pmatrix} \begin{matrix} -II \\ \\ \end{matrix}$$

$$\begin{pmatrix} 2 & 0 & 0 & 16 \\ 0 & 1 & 0 & 3 \\ 0 & 0 & 1 & -6 \end{pmatrix} /2$$

$$\begin{pmatrix} 1 & 0 & 0 & 8 \\ 0 & 1 & 0 & 3 \\ 0 & 0 & 1 & -6 \end{pmatrix}$$

Wenn man dies nun wieder in Gleichungen umsetzt, ergibt sich:

$x_1 = 8$, $x_2 = 3$ und $x_3 = -6$

oder als Lösungsmenge: $|L = \{(8, 3, -6)\}$

1.6.B Die erweiterte Koeffizientenmatrix ergibt sich zu:

$$\begin{pmatrix} 1 & 2 & 3 & 4 \\ 5 & 6 & 7 & 8 \\ 9 & 10 & 11 & 12 \end{pmatrix} \begin{matrix} \\ -5*I \\ -9*I \end{matrix}$$

$$\begin{pmatrix} 1 & 2 & 3 & 4 \\ 0 & -4 & -8 & -12 \\ 0 & -8 & -16 & -24 \end{pmatrix} \begin{matrix} \\ \\ -2*II \end{matrix}$$

$$\begin{pmatrix} 1 & 2 & 3 & 4 \\ 0 & -4 & -8 & -12 \\ 0 & 0 & 0 & 0 \end{pmatrix} \begin{matrix} \\ /(-4) \\ \end{matrix}$$

$$\begin{pmatrix} 1 & 2 & 3 & 4 \\ 0 & 1 & 2 & 3 \\ 0 & 0 & 0 & 0 \end{pmatrix} \begin{matrix} -2*II \\ \\ \end{matrix}$$

$$\begin{pmatrix} 1 & 0 & -1 & -2 \\ 0 & 1 & 2 & 3 \\ 0 & 0 & 0 & 0 \end{pmatrix}$$

Damit ergeben sich folgende Gleichungen (in der letzten Zeile wird statt 0=0 $x_3 = x_3$ geschrieben):

$$\begin{aligned} x_1 \quad -x_3 &= -2 & &| +x_3 \\ x_2 + 2x_3 &= 3 & &| -2x_3 \\ x_3 &= x_3 & & \end{aligned}$$

Durch die Umformungen ergibt sich:

$$\begin{aligned} x_1 &= -2 + x_3 \\ x_2 &= 3 - 2x_3 \\ x_3 &= 0 + x_3 \end{aligned}$$

Als Vektorgleichung folgt nun:
$$\begin{pmatrix} x_1 \\ x_2 \\ x_3 \end{pmatrix} = \begin{pmatrix} -2 \\ 3 \\ 0 \end{pmatrix} + x_3 * \begin{pmatrix} 1 \\ -2 \\ 1 \end{pmatrix}$$

(Dieses ist eine Geradengleichung in Punkt-Richtungsform; der erste Vektor auf der rechten Seite ist der Aufpunktvektor und der zweite der Richtungsvektor, der Lösungsraum stellt also eine Gerade dar.)

Die Lösungsmenge lautet also:
$$\mathbb{L} = \left\{ \begin{pmatrix} x_1 \\ x_2 \\ x_3 \end{pmatrix} \middle| \begin{pmatrix} x_1 \\ x_2 \\ x_3 \end{pmatrix} = \begin{pmatrix} -2 \\ 3 \\ 0 \end{pmatrix} + x_3 * \begin{pmatrix} 1 \\ -2 \\ 1 \end{pmatrix} ; x_3 \in \mathbb{R} \right\}$$

Natürlich muss die Lösungsmenge nicht in Vektorform angegeben werden. Alternativ ergibt sich:

$\mathbb{L} = \{(x_1, x_2, x_3) | x_1 = x_3 - 2 \wedge x_2 = -2x_3 + 3 ; x_3 \in \mathbb{R}\}$

1.6.C a) Ein Gleichungssystem ist genau dann eindeutig lösbar, wenn der Rang der Koeffizientenmatrix dem Rang der erweiterten Koeffizientenmatrix entspricht und dieser Rang auch der Anzahl der Variablen des Gleichungssystems entspricht. In diesem Fall hat das Gleichungssystem 3 Variable, der Rang der Koeffizientenmatrix muss also ebenfalls gleich drei sein. Da nur 3 Gleichungen vorliegen ist in diesen Fällen der Rang der erweiterten Koeffizientenmatrix auch gleich drei. Den Rang der Koeffizientenmatrix überprüft man am einfachsten, indem man die Determinante dieser Matrix bestimmt und mit Null gleichsetzt:

$$\det \begin{pmatrix} m & 1 & 1 \\ 1 & m & 0 \\ 1 & 1 & 1 \end{pmatrix} = m^2 + 1 - m - 1 = m^2 - m$$

$m^2 - m = 0 \Leftrightarrow m(m - 1) = 0 \Leftrightarrow m = 0 \quad m - 1 = 0 \Leftrightarrow m = 1$

In den Fällen, wo die Determinante ungleich Null ist, hat die Matrix vollen Rang. Im vorliegenden Fall hat die Matrix dann also den Rang 3 und das Gleichungssystem ist entsprechend den vorherigen Ausführungen eindeutig lösbar. Somit gilt:

Für $m \in \mathbb{R} \setminus \{0, 1\}$ ist das Gleichungssystem eindeutig lösbar.

b) und c) In den Fällen wo das Gleichungssystem nicht eindeutig lösbar ist, also wenn m = 0 oder m = 1 gilt, ist das System gar nicht oder mehrdeutig lösbar. Für die beiden Fälle wird nachfolgend der Rang der Koeffizientenmatrix und der erweiterten Koeffizientenmatrix bestimmt:

m = 0

$$\begin{pmatrix} 0 & 1 & 1 & \vdots & 1 \\ 1 & 0 & 0 & \vdots & 1 \\ 1 & 1 & 1 & \vdots & 1 \end{pmatrix} -\text{II}$$

$$\begin{pmatrix} 0 & 1 & 1 & \vdots & 1 \\ 1 & 0 & 0 & \vdots & 1 \\ 0 & 1 & 1 & \vdots & 0 \end{pmatrix} -\text{I}$$

$$\begin{pmatrix} 0 & 1 & 1 & \vdots & 1 \\ 1 & 0 & 0 & \vdots & 1 \\ 0 & 0 & 0 & \vdots & -1 \end{pmatrix}$$

Der Rang der Koeffizientenmatrix ist somit gleich 2 und der Rang der erweiterten Koeffizientenmatrix 3. Für m = 0 ist das Gleichungssystem also nicht lösbar.

m = 1

$$\begin{pmatrix} 1 & 1 & 1 & \vdots & 1 \\ 1 & 1 & 0 & \vdots & 1 \\ 1 & 1 & 1 & \vdots & 1 \end{pmatrix} \begin{matrix} \\ -\text{I} \\ -\text{I} \end{matrix}$$

$$\begin{pmatrix} 1 & 1 & 1 & \vdots & 1 \\ 0 & 0 & -1 & \vdots & 0 \\ 0 & 0 & 0 & \vdots & 0 \end{pmatrix}$$

Der Rang der Koeffizientenmatrix und der Rang der erweiterten Koeffizientenmatrix beträgt in diesem Fall 2. Somit ist das Gleichungssystem für m = 1 mehrdeutig lösbar.

1.6.D Zunächst wird die erweiterte Koeffizientenmatrix aufgestellt:

$$\begin{pmatrix} 2 & 3 & 2 & 4 \\ 0 & -2 & 3 & 2 \\ 2 & 1 & 5 & k \end{pmatrix} -\text{I}$$

$$\begin{pmatrix} 2 & 3 & 2 & 4 \\ 0 & -2 & 3 & 2 \\ 0 & -2 & 3 & k-4 \end{pmatrix} -\text{II}$$

$$\begin{pmatrix} 2 & 3 & 2 & 4 \\ 0 & -2 & 3 & 2 \\ 0 & 0 & 0 & k-6 \end{pmatrix}$$

Wenn man diesen Ausdruck nun wieder in Gleichungen übersetzt, so liefert die letzte Gleichung: 0 = k−6 ⇔ k = 6. Da diese Gleichung erfüllt sein muss, ist das System nur für k=6 lösbar.

Mit k=6 ergibt sich nun die letzte Zeile zu einer Nullzeile. Da bei 3 Variablen nur 2 Zeilen verbleiben, die nicht nur aus Nullen bestehen, ist das Gleichungssystem einfach unterbestimmt. x_3 wird nun als Variable gewählt. Aus den verbleibenden Gleichungen ergibt sich:

aus II ⇒ $-2x_2 + 3x_3 = 2$ ⇔ $-2x_2 = 2 - 3x_3$ ⇔ $\mathbf{x_2 = 1{,}5x_3 - 1}$

aus III ⇒ $2x_1 + 3(1{,}5x_3 - 1) + 2x_3 = 4$

⇔ $2x_1 + 4{,}5x_3 - 3 + 2x_3 = 4$ ⇔ $2x_1 = -6{,}5x_3 + 7$

⇔ $\mathbf{x_1 = -3{,}25x_3 + 3{,}5}$

Somit ergibt sich als Lösungsmenge:

$$\mathbb{L} = \{(x_1, x_2, x_3) \mid x_1 = -3{,}25x_3 + 3{,}5 \wedge x_2 = 1{,}5x_3 - 1 \, ; \, x_3 \in \mathbb{R}\}$$

1.6.E Die erweiterte Koeffizientenmatrix ergibt sich zu:

$$\begin{pmatrix} 1 & 2 & -3 & 2 & 2 \\ 2 & 5 & -8 & 6 & 5 \\ 3 & 4 & -5 & 2 & 4 \end{pmatrix} \begin{array}{l} \\ -2*\mathrm{I} \\ -3*\mathrm{I} \end{array}$$

$$\begin{pmatrix} 1 & 2 & -3 & 2 & 2 \\ 0 & 1 & -2 & 2 & 1 \\ 0 & -2 & 4 & -4 & -2 \end{pmatrix} \begin{array}{l} \\ \\ +2*\mathrm{II} \end{array}$$

$$\begin{pmatrix} 1 & 2 & -3 & 2 & 2 \\ 0 & 1 & -2 & 2 & 1 \\ 0 & 0 & 0 & 0 & 0 \end{pmatrix} \begin{array}{l} -2*\mathrm{II} \\ \\ \end{array}$$

Da in diesem Fall bei 4 Variablen nur 2 Zeilen übrig bleiben, ergibt sich eine zweidimensionale Lösungsmenge. In diesem Fall werden z und w als Variable gewählt, so dass nur noch in der zweiten Spalte (der y Spalte) eine Null "produziert wird".

$$\begin{pmatrix} 1 & 0 & 1 & -2 & 0 \\ 0 & 1 & -2 & 2 & 1 \\ 0 & 0 & 0 & 0 & 0 \end{pmatrix}$$

Damit ergeben sich folgende Gleichungen

$$x + z - 2w = 0$$
$$y - 2z + 2w = 1$$

Statt der dritten Gleichung 0=0 kann wie zuvor z=z geschrieben werden. Da es sich um vier Variable handelt, aber nur drei Gleichungen vorhanden sind, fügt man nun noch die Identität w=w als vierte Gleichung hinzu. Man darf diese Gleichung einfach hinzufügen, da sie ja immer erfüllt ist und somit die Lösungsmenge des Gleichungssystems nicht weiter einschränkt. (Die beiden Gleichungen z=z und w=w werden hinzugefügt, weil sich die Gleichungen sehr einfach in eine Vektorgleichung überführen lassen)

$$\begin{array}{rl} x \quad +z -2w = 0 & |-z +2w \\ y -2z +2w = 1 & |+2z -2w \\ z = z & \\ w = w & \end{array}$$

$$\begin{array}{rl} x = & 0 \quad -z \quad +2w \\ y = & 1 \quad +2z \quad -2w \\ z = & 0 \quad +z \\ w = & 0 \qquad\quad +w \end{array}$$

Als Vektorgleichung folgt nun:

$$\begin{pmatrix} x \\ y \\ z \\ w \end{pmatrix} = \begin{pmatrix} 0 \\ 1 \\ 0 \\ 0 \end{pmatrix} + z * \begin{pmatrix} -1 \\ 2 \\ 1 \\ 0 \end{pmatrix} + w * \begin{pmatrix} 2 \\ -2 \\ 0 \\ 1 \end{pmatrix}$$

Die Lösungsmenge lautet also:

$$\mathbb{L} = \left\{ \begin{pmatrix} x \\ y \\ z \\ w \end{pmatrix} \middle| \begin{pmatrix} x \\ y \\ z \\ w \end{pmatrix} = \begin{pmatrix} 0 \\ 1 \\ 0 \\ 0 \end{pmatrix} + z * \begin{pmatrix} -1 \\ 2 \\ 1 \\ 0 \end{pmatrix} + w * \begin{pmatrix} 2 \\ -2 \\ 0 \\ 1 \end{pmatrix} ; z, w \in \mathbb{R} \right\}$$

oder $\mathbb{L} = \{(x, y, z, w) | \; x = -z + 2w \land y = 2z - 2w + 1; z, w \in \mathbb{R}\}$

1.6.F a) Hier muss zunächst der Gauß-Algorithmus angewendet werden, bis die Matrix in Zeilen-Stufen-Form ist. Dann muss die Lösbarkeitsbedingung überprüft werden. Die Variablen sind p_1, p_2 und p_3. Es ergibt sich für die erweiterte Koeffizientenmatrix:

$$\begin{pmatrix} 0 & -c & b & 4 \\ c & 0 & -a & 3 \\ -b & a & 0 & 6 \end{pmatrix}$$

Da oben links eine Null steht, werden zunächst die ersten beiden Zeilen vertauscht:

$$\begin{pmatrix} c & 0 & -a & 3 \\ 0 & -c & b & 4 \\ -b & a & 0 & 6 \end{pmatrix} \begin{matrix} *b \\ \\ *c \end{matrix}$$

Die Koeffizienten werden auf das kleinste gemeinsame Vielfache gebracht. Auf diese Weise werden die sich ansonsten ergebenden Brüche umgangen.

$$\begin{pmatrix} bc & 0 & -ab & 3b \\ 0 & -c & b & 4 \\ -bc & ac & 0 & 6c \end{pmatrix} +I$$

$$\begin{pmatrix} bc & 0 & -ab & 3b \\ 0 & -c & b & 4 \\ 0 & ac & -ab & 3b+6c \end{pmatrix} *a$$

$$\begin{pmatrix} bc & 0 & -ab & 3b \\ 0 & -ac & ab & 4a \\ 0 & ac & -ab & 3b+6c \end{pmatrix} +II$$

$$\begin{pmatrix} bc & 0 & -ab & 3b \\ 0 & -ac & ab & 4a \\ 0 & 0 & 0 & 4a+3b+6c \end{pmatrix}$$

In Gleichungen übertragen, steht in der letzten Zeile:

$0 = 4a + 3b + 6c$

Nur wenn diese Gleichung erfüllt ist, kann das Gleichungssystem lösbar sein. Zu prüfen ist nun noch, ob das Gleichungssystem in jedem Fall lösbar ist, wenn diese Gleichung erfüllt ist. Da die Konstanten alle ungleich Null sind, ist, wenn die Gleichung erfüllt ist, sowohl der Rang der Koeffizientenmatrix als auch der Rang der erweiterten Koeffizientenmatrix zwei. Da beide Matrizen denselben Rang haben, ist das Gleichungssystem dann immer lösbar.

b) Das Gleichungssystem hat 3 Variable. Für den Fall, bei dem das Gleichungssystem lösbar ist, ist der Rang der erweiterten Koeffizientenmatrix 2. Da der Rang kleiner als die Anzahl der Variablen ist, handelt es sich um ein unterbestimmtes Gleichungssystem und es existiert keine eindeutige Lösung für den Gleichgewichtspreisvektor.

1.6.G Die erweiterte Koeffizientenmatrix lautet:

$$\begin{pmatrix} 6 & -7 & 0 & -1 & 1 \\ 2 & -3 & -1 & 4 & -2 \\ 2 & 1 & 2 & -22 & 12 \end{pmatrix} \begin{matrix} \\ *3 \\ *3 \end{matrix}$$

1.6 Lineare Gleichungssysteme

Die Koeffizienten werden auf das kleinste gemeinsame Vielfache gebracht. Auf diese Weise werden die sich ansonsten ergebenden Brüche umgangen.

$$\begin{pmatrix} 6 & -7 & 0 & -1 & 1 \\ 6 & -9 & -3 & 12 & -6 \\ 6 & 3 & 6 & -66 & 36 \end{pmatrix} \begin{matrix} \\ -I \\ -I \end{matrix}$$

$$\begin{pmatrix} 6 & -7 & 0 & -1 & 1 \\ 0 & -2 & -3 & 13 & -7 \\ 0 & 10 & 6 & -65 & 35 \end{pmatrix} *5$$

$$\begin{pmatrix} 6 & -7 & 0 & -1 & 1 \\ 0 & -10 & -15 & 65 & -35 \\ 0 & 10 & 6 & -65 & 35 \end{pmatrix} +II$$

$$\begin{pmatrix} 6 & -7 & 0 & -1 & 1 \\ 0 & -10 & -15 & 65 & -35 \\ 0 & 0 & -9 & 0 & 0 \end{pmatrix} \begin{matrix} \\ -5/3*III \\ /(-9) \end{matrix}$$

$$\begin{pmatrix} 6 & -7 & 0 & -1 & 1 \\ 0 & -10 & 0 & 65 & -35 \\ 0 & 0 & 1 & 0 & 0 \end{pmatrix} \begin{matrix} *2 \\ *7/5 \\ \end{matrix}$$

$$\begin{pmatrix} 12 & -14 & 0 & -2 & 2 \\ 0 & -14 & 0 & 91 & -49 \\ 0 & 0 & 1 & 0 & 0 \end{pmatrix} -II$$

$$\begin{pmatrix} 12 & 0 & 0 & -93 & 51 \\ 0 & -14 & 0 & 91 & -49 \\ 0 & 0 & 1 & 0 & 0 \end{pmatrix} \begin{matrix} /12 \\ /(-14) \\ \end{matrix}$$

$$\begin{pmatrix} 1 & 0 & 0 & -31/4 & 17/4 \\ 0 & 1 & 0 & -13/2 & 7/2 \\ 0 & 0 & 1 & 0 & 0 \end{pmatrix}$$

$$\Rightarrow \mathbb{L} = \left\{ \begin{pmatrix} x_1 \\ x_2 \\ x_3 \\ x_4 \end{pmatrix} \middle| \begin{pmatrix} x_1 \\ x_2 \\ x_3 \\ x_4 \end{pmatrix} = \begin{pmatrix} 17/4 \\ 7/2 \\ 0 \\ 0 \end{pmatrix} + x_4 \begin{pmatrix} 31/4 \\ 13/2 \\ 0 \\ 1 \end{pmatrix}, x_4 \in \mathbb{R} \right\}$$

1.7 Weitere Aufgaben der linearen Algebra

1.7.A Gegeben ist das Matrizenpolynom $f(X) = X^2 - X - 8I$, I= Einheitsmatrix.

Eine Matrix X_0 heißt Nullstelle von f, wenn $f(X_0) = 0$ ist. Prüfen Sie, ob
$$X_0 = \begin{pmatrix} 2 & 2 \\ 3 & -1 \end{pmatrix}$$ Nullstelle von f ist.

1.7.B Gegeben seien die beiden Vektoren
$\vec{v}^T = (1, -3, 2)$ und $\vec{w}^T = (-2, 6, -4)$

a) Welche Vektoren $\vec{x}, \vec{y} \in \mathbb{R}^3$ lösen das Gleichungssystem

$2\vec{x} + 4\vec{y} = \vec{v}$ und $3\vec{x} - 2\vec{y} = \vec{w}$?

b) Ist das Lösungspaar linear unabhängig?

1.7.C Eine Matrix Q mit $Q^2 = 0$ heißt nilpotent. Geben Sie ein Beispiel für x, y, z an, so dass die Matrix
$$\begin{pmatrix} x & 1 \\ y & z \end{pmatrix}$$
nilpotent ist. Warum sind alle nilpotenten Matrizen singulär?

Lösungsvorschläge zu 1.7:

1.7.A X_0 muss einfach für X in die Funktion eingesetzt werden:

$$X_0^2 - X_0 - 8I = \begin{pmatrix} 2 & 2 \\ 3 & -1 \end{pmatrix} * \begin{pmatrix} 2 & 2 \\ 3 & -1 \end{pmatrix} - \begin{pmatrix} 2 & 2 \\ 3 & -1 \end{pmatrix} - \begin{pmatrix} 8 & 0 \\ 0 & 8 \end{pmatrix}$$

$$= \begin{pmatrix} 10 & 2 \\ 3 & 7 \end{pmatrix} - \begin{pmatrix} 2 & 2 \\ 3 & -1 \end{pmatrix} - \begin{pmatrix} 8 & 0 \\ 0 & 8 \end{pmatrix} = \begin{pmatrix} 0 & 0 \\ 0 & 0 \end{pmatrix}$$

Also ist X_0 Nullstelle von f.

1.7.B a) Hier muss einfach das Gleichungssystem gelöst werden:

$$2\vec{x} + 4\vec{y} = \vec{v}$$
$$\wedge\ 3\vec{x} - 2\vec{y} = \vec{w}\ |\ *2$$

Es wird die zweite Gleichung mit 2 multipliziert. (Alternativ hätte man auch eine der Gleichungen nach $\vec{x}$ oder $\vec{y}$ auflösen können.)

$$2\vec{x} + 4\vec{y} = \vec{v}$$
$$+(6\vec{x} - 4\vec{y} = 2\vec{w})$$

Die zweite Gleichung wird nun zu der ersten Gleichung addiert, auf diese Weise fallen die Terme mit $\vec{y}$ weg:

$$8\vec{x} = \vec{v} + 2\vec{w}\ |\ /8$$
$$\Leftrightarrow \vec{x} = \frac{1}{8}(\vec{v} + 2\vec{w})$$

Aus der ersten Gleichung ergibt sich jetzt für $\vec{y}$:

$$\Rightarrow 2 * \frac{1}{8}(\vec{v} + 2\vec{w}) + 4\vec{y} = \vec{v}$$
$$\Leftrightarrow \frac{1}{4}\vec{v} + \frac{1}{2}\vec{w} + 4\vec{y} = \vec{v}\ |\ -\frac{1}{4}\vec{v} - \frac{1}{2}\vec{w}$$
$$\Leftrightarrow \vec{y} = \frac{3}{16}\vec{v} - \frac{1}{8}\vec{w}$$

Indem man die gegebenen Werte für $\vec{v}$ und $\vec{w}$ einsetzt, können $\vec{x}$ und $\vec{y}$ nun berechnet werden:

$$\vec{y} = \frac{3}{16}\begin{pmatrix} 1 \\ -3 \\ 2 \end{pmatrix} - \frac{2}{16}\begin{pmatrix} -2 \\ 6 \\ -4 \end{pmatrix} = \frac{1}{16}\begin{pmatrix} 7 \\ -21 \\ 14 \end{pmatrix}$$

$$\vec{x} = \frac{1}{8}\left(\begin{pmatrix} 1 \\ -3 \\ 2 \end{pmatrix} + 2\begin{pmatrix} -2 \\ 6 \\ -4 \end{pmatrix}\right) = \frac{1}{8}\begin{pmatrix} -3 \\ 9 \\ -6 \end{pmatrix}$$

Alternativ kann man die gegebenen Vektorgleichungen auch in einzelne Gleichungen zerlegen. $\vec{x}$ und $\vec{y}$ sind Vektoren mit jeweils drei Komponenten, die hier durch x_1, x_2, x_3, y_1 ..... bezeichnet werden. Es ergeben sich folgende Gleichungen:

$$2x_1 + 4y_1 = 1 \qquad 3x_1 - 2y_1 = -2$$
$$2x_2 + 4y_2 = -3 \qquad 3x_2 - 2y_2 = 6$$
$$2x_3 + 4y_3 = 2 \qquad 3x_3 - 2y_3 = -4$$

An sich liegt nun also ein Gleichungssystem mit 6 Gleichungen und 6 Unbekannten vor. Allerdings kommen in jeder Gleichung nur zwei Unbekannte vor, und bei den in der gleichen Zeile stehenden Gleichungen sind es die gleichen Unbekannten. Die hinteren Gleichungen werden jetzt alle mit 2 malgenommen und dann mit den vorderen addiert:

$$2x_1 + 4y_1 = 1 \qquad +(6x_1 - 4y_1 = -4) \qquad 8x_1 = -3 \Leftrightarrow x_1 = -\tfrac{3}{8}$$
$$2x_2 + 4y_2 = -3 \qquad +(6x_2 - 4y_2 = 12) \qquad 8x_2 = 9 \Leftrightarrow x_2 = \tfrac{9}{8}$$
$$2x_3 + 4y_3 = 2 \qquad +(6x_3 - 4y_3 = -8) \qquad 8x_3 = -6 \Leftrightarrow x_3 = -\tfrac{3}{4}$$

Durch Einsetzen der x Werte können nun die y Werte ermittelt werden.

$$2(-\tfrac{3}{8}) + 4y_1 = 1 \qquad \Leftrightarrow y_1 = \tfrac{7}{16}$$
$$2 * \tfrac{9}{8} + 4y_2 = -3 \qquad \Leftrightarrow y_2 = -\tfrac{21}{16}$$
$$2(-\tfrac{3}{4}) + 4y_3 = 2 \qquad \Leftrightarrow y_3 = \tfrac{7}{8}$$

b) Die lineare Unabhängigkeit des Lösungspaares kann man mit dem Gauß-Algorithmus überprüfen.

$$\begin{pmatrix} -\tfrac{3}{8} & \tfrac{9}{8} & -\tfrac{3}{4} \\ \tfrac{7}{16} & -\tfrac{21}{16} & \tfrac{7}{8} \end{pmatrix} * \tfrac{7}{6}$$

$$\begin{pmatrix} -\tfrac{7}{16} & \tfrac{21}{16} & -\tfrac{7}{8} \\ \tfrac{7}{16} & -\tfrac{21}{16} & \tfrac{7}{8} \end{pmatrix} +\mathrm{I}$$

$$\begin{pmatrix} -\frac{7}{16} & \frac{21}{16} & -\frac{7}{8} \\ 0 & 0 & 0 \end{pmatrix}$$

Somit sind die Vektoren linear abhängig. (Da es sich hier nur um zwei Vektoren handelt, hätte auch geprüft werden können, ob der eine Vektor ein Vielfaches des anderen ist.)

1.7.C Ein Beispiel ist die folgende Matrix:

$$\begin{pmatrix} 0 & 1 \\ 0 & 0 \end{pmatrix}$$

Nimmt man diese Matrix mit sich selbst mal, so ergibt sich eine Matrix, die nur Nullen enthält.

Für eine nilpotente Matrix Q gilt:

$0 = \det(Q^2) = \det(Q * Q)$

Nach den Rechenregeln für Determinanten gilt nun weiterhin:

$= \det(Q) * \det(Q) = (\det(Q))^2$

Insgesamt muss also Folgendes gelten:

$0 = (\det(Q))^2$

$\Leftrightarrow 0 = \det(Q)$

Nilpotente Matrizen müssen somit singulär sein.

1.8 Lineare Optimierung

1.8.A Die Fahrradfabrik Fahr produziert von einem Leichtmetallrad zwei Typen, ein Herrenrad (H) und ein Damenrad (D). Beide Typen unterscheiden sich konstruktionsmäßig im Wesentlichen nur in zwei Punkten, dem Rahmen und der Gangschaltung. Daher ist die Fertigung beider Typen weitgehend identisch. Sie geschieht in zwei aneinander grenzenden Werkstätten (W_1 und W_2), die über eine Personalkapazität von 960 Stunden bzw. 800 Stunden pro Monat verfügen. Jedes Fahrrad muss beide Werkstätten durchlaufen. Dabei werden für die Montage eines Rades benötigt:

	H	D
W_1	1/4h	1/3h
W_2	1/3h	1/3h

Der Rahmenhersteller kann monatlich höchstens 800 Rahmen für Herrenräder und 2000 Rahmen für Damenräder liefern. Für ein H wird ein Preis von 600 DM und für ein D ein Preis von 450 DM erzielt. Welche Stückzahlen der Radtypen sind herzustellen, wenn der Umsatz maximiert werden soll?

1.8.B Es sei folgendes System von Ungleichungen gegeben:

$x + y \geq 2$
$\wedge \; 0 \leq x \leq 1$
$\wedge \; 0 \leq y \leq 1$

Die Zielfunktion $Z(x, y) = 2x + 5y$ soll maximiert werden.

a) Bestimmen Sie grafisch die optimale Lösung.

b) Wie lautet die optimale Lösung, wenn die letzte Bedingung nicht $y \leq 1$, sondern $y \leq 1{,}5$ lautet?

1.8.C Gegeben sei folgendes Maximierungsproblem:

$-20x + 56y + 40z \leq 0$
$0{,}3x + 1{,}5y + 2{,}3z \leq 4.000$
$\phantom{0{,}3}x + \phantom{1{,}5}y + \phantom{2{,}3}z \leq 6.000$

Die Zielfunktion lautet:

3x + 4y + 4z + 6.000

Bestimmen Sie die maximale Lösung, und geben Sie auch den sich hierbei ergebenden maximalen Wert der Zielfunktion an.

Lösungsvorschläge zu 1.8

Insbesondere bei der ersten Aufgabe sind die einzelnen Lösungsschritte sehr ausführlich erklärt worden.

1.8.A Zunächst müssen die angegebenen Zusammenhänge in Bedingungen umgesetzt werden. Hierbei ergeben sich aufgrund der Kapazitätsbeschränkung des Rahmenherstellers folgende Bedingungen:

H ≤ 800, D ≤ 2.000

Weiterhin dürfen die Produktionsmengen natürlich nicht negativ sein:

H ≥ 0, D ≥ 0

Die Zielfunktion ist der Umsatz, für den gilt:

U = 600 H + 450 D

Es liegt ein lineares Programm in Standardform vor. Durch die Einführung von nichtnegativen Schlupfvariablen können die Nebenbedingungen zu Gleichungen gemacht werden:

$\frac{1}{4} H + \frac{1}{3} D + u_1 = 960$

$\frac{1}{3} H + \frac{1}{3} D + u_2 = 800$

$H + u_3 = 800$

$D + u_4 = 2.000$

Zur weiteren Lösung wird der **Simplexalgorithmus** verwendet, es ergibt sich folgendes Tableau:

$\frac{1}{4}$	$\frac{1}{3}$	1	0	0	0	960
$\frac{1}{3}$	$\frac{1}{3}$	0	1	0	0	800
1	0	0	0	1	0	800
0	1	0	0	0	1	2.000
600	450	0	0	0	0	−0

In der untersten Zeile wurden zusätzlich die Koeffizienten der Zielfunktion eingetragen. In der rechten unteren Ecke wird der Wert, der sich für die Zielfunktion ergibt, wenn alle Variablen Null sind, mit einem negativen Vorzeichen versehen eingetragen. Zunächst ist es sinnvoll, die Brüche zu beseitigen, indem die erste Zeile mit 12 und die zweite Zeile mit 3 multipliziert wird:

$\frac{1}{4}$	$\frac{1}{3}$	1	0	0	0	960	*12
$\frac{1}{3}$	$\frac{1}{3}$	0	1	0	0	800	*3
1	0	0	0	1	0	800	
0	1	0	0	0	1	2.000	
600	450	0	0	0	0	0	

3	4	12	0	0	0	11.520
1	1	0	3	0	0	2.400
1	0	0	0	1	0	800
0	1	0	0	0	1	2.000
600	450	0	0	0	0	0

In dem Tableau wird nun in der untersten Zeile ein positiver Wert gesucht. In diesem Fall wird die 600 ausgewählt. (Man hätte aber auch die 450 auswählen können.) Die 600 steht in der ersten Spalte, diese Spalte nennt man **Pivotspalte**. In der Pivotspalte wird nun die Zeile gesucht, bei der die Begrenzung durch die Bedingungen zuerst greift. Hierzu wird jeweils das letzte Element der Zeile durch den Wert in der Pivotspalte geteilt. In der ersten Zeile wird also bespielsweise 11.520 durch 3 geteilt. Die sich ergebenden Werte, die man auch **charakteristische Quotienten** nennt, sind nachfolgend am Ende des Tableaus notiert:

3	4	12	0	0	0	11.520	3.840
1	1	0	3	0	0	2.400	2.400
1	0	0	0	1	0	800	800
0	1	0	0	0	1	2.000	$\sim\infty$
600	450	0	0	0	0	0	

Die errechneten Werte geben an, wie viel von dem Produkt auf Grund des jeweiligen Engpasses maximal produziert werden kann.

Hierbei wird also unterstellt, dass die gesamte Kapazität des Engpasses nur für dieses Produkt verwendet wird. Der niedrigste Wert stellt die stärkste Restriktion dar. In diesem Fall ergibt sich in der dritten Zeile der niedrigste Wert von 800. Die entsprechende Zeile nennt man **Pivotzeile** und das Element, das sowohl in der Pivotspalte als auch in der Pivotzeile liegt, nennt man **Pivotelement**. In diesem Fall ist das Pivotelement 1 (wie im nachfolgenden Tableau fett hervorgehoben). Mittels des beim Gauß-Algorithmus verwendeten Verfahrens werden nun in der Pivotspalte Nullen produziert, so dass in dieser Spalte nur das Pivotelement ungleich Null ist:

3	4	12	0	0	0	11.520	−3III
1	1	0	3	0	0	2.400	−III
1	0	0	0	1	0	800	
0	1	0	0	0	1	2.000	
600	450	0	0	0	0	0	−600III

In der letzten Spalte des Tableaus ist jeweils angegeben, das "Wievielfache" welcher Zeile zu der jeweiligen Zeile addiert oder subtrahiert wird. Es ergibt sich:

0	4	12	0	−3	0	9.120
0	1	0	3	−1	0	1.600
1	0	0	0	1	0	800
0	1	0	0	0	1	2.000
0	450	0	0	−600	0	−480.000

Nun wird das nächste positive Element in der untersten Zeile ausgewählt. In diesem Fall ist es die 450. Somit ist nun die zweite Spalte die Pivotspalte. Am Ende des nachfolgenden Tableaus sind die charakteristischen Quotienten für die neue Pivotspalte berechnet:

0	4	12	0	−3	0	9.120	2.280
0	1	0	3	−1	0	1.600	1.600
1	0	0	0	1	0	800	∼∞
0	1	0	0	0	1	2.000	2.000
0	450	0	0	−600	0	−480.000	

Der niedrigste Wert von 1.600 ergibt sich in der zweiten Zeile, die somit zur Pivotzeile wird. Mittels des nachfolgend fett hervorgehobenen Pivotelementes werden nun Nullen in der Pivotspalte produziert:

0	4	12	0	-3	0	9.120	-4II
0	1	0	3	-1	0	1.600	
1	0	0	0	1	0	800	
0	1	0	0	0	1	2.000	-II
0	450	0	0	-600	0	-480.000	-450II

Es ergibt sich:

0	0	12	-12	1	0	2.720
0	1	0	3	-1	0	1.600
1	0	0	0	1	0	800
0	0	0	-3	1	1	400
0	0	0	-1.350	-150	0	-1.200.000

In der untersten Zeile stehen nun nur noch negative Werte. Das System ist gelöst. Die Lösung kann man in dem Tableau erkennen. Die beiden Ausgangsvariablen H und D waren in den ersten beiden Spalten eingetragen worden. In der ersten Spalte, der Spalte für H, steht lediglich in der dritten Zeile keine Null. Der Wert, der ganz rechts in der Zeile steht, ist die Lösung für H. Analog ergibt sich als Lösung für D der Wert ganz rechts in der zweiten Zeile. Somit lautet die Lösung:

H = 800, D = 1.600

1.8.B a) In der folgenden Grafik wurden zunächst die Geraden x=1 und y=1 eingezeichnet.

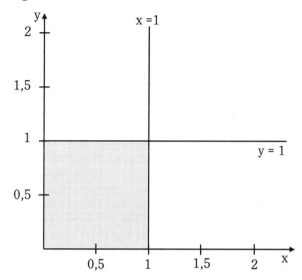

Die graue Fläche gibt den sich unter Berücksichtigung der beiden Bedingungen $0 \leq x \leq 1$ und $0 \leq y \leq 1$ ergebenden zulässigen Bereich an.

Weiterhin soll die folgende Bedingung erfüllt sein:

$x + y \geq 2$

Als Begrenzung ergibt sich also die Gerade $x + y = 2$. Zwei Punkte auf dieser Geraden erhält man z.B., indem man für x und y abwechselnd Null einsetzt. Es ergibt sich:

$x = 0 \Rightarrow 0 + y = 2 \Leftrightarrow y = 2$

$y = 0 \Rightarrow x + 0 = 2 \Leftrightarrow x = 2$

Somit liegen die Punkte (0|2) und (2|0) auf der Geraden.

In der folgenden Grafik wurde diese Gerade zusätzlich eingezeichnet. Es ist zu beachten, dass die Bedinung $x + y \geq 2$ lautet, daher sind nur Werte auf der Geraden oder rechts bzw. über der Geraden zulässig. Durch den schraffierten Bereich in der Zeichnung soll die zulässige Seite der Geraden angedeutet werden.

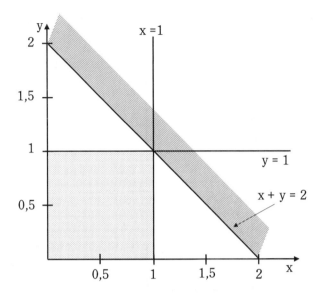

Man erkennt, dass insgesamt nur der Punkt (1|1) im zulässigen Bereich liegt, alle anderen Punkte verletzen mindestens eine der Bedinungen. Der Punkt (1|1) ist offensichtlich der äußerste Eckpunkt der beiden zunächst eingezeichneten Geraden. Er liegt aber auch auf der dritten Geraden, denn er erfüllt die Gleichung x + y = 2.

Da es nur einen einzigen Punkt im zulässigen Bereich gibt, ist dieser Punkt gleichzeitig auch der optimale Punkt. Als zugehöriger Wert für die Zielfunktion ergibt sich:

Z(1, 1) = 2∗1 + 5∗1 = 7

b) Bei diesem Aufgabenteil soll die letzte Bedingung nicht y ≦ 1, sondern y ≦ 1,5 lauten. Somit ergibt sich die in der folgenden Grafik dargestellte Situation. Den zulässigen Bereich bildet jetzt das Dreieck in der folgenden Abbildung.

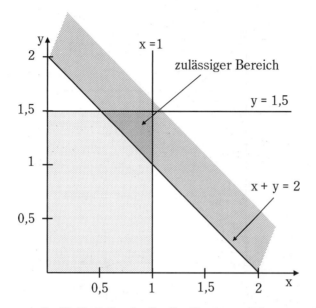

Nun muss die Zielfunktion in die Grafik eingezeichnet werden. Für die Zielfunktion kann hierbei ein beliebiger Wert vorgegeben werden. Allerdings sollte man den Wert so wählen, dass sich die Gerade in der Grafik einzeichnen lässt. Nachfolgend wird der Wert 2 gewählt:

$$2x + 5y = 2$$

Für die Zielfunktionsgerade ergeben sich somit die beiden folgenden Punkte:

$x = 0 \Rightarrow 2*0 + 5y = 2 \Leftrightarrow y = 0{,}4$

$y = 0 \Rightarrow 2x + 5*0 = 2 \Leftrightarrow x = 1$

Die Punkte (0|0,4) und (1|0) liegen also auf der Geraden. Zeichnet man diese Gerade in die vorherige Grafik ein, ergibt sich Folgendes:

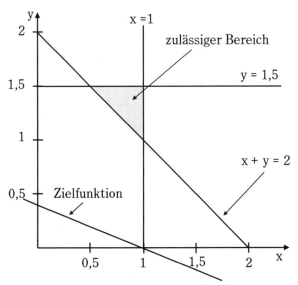

In der Grafik ist der zulässige Bereich speziell gekennzeichnet worden. Jetzt muss die Zielfunktion so weit wie möglich parallel nach rechts/oben verschoben werden. Hierbei ergibt sich Folgendes:

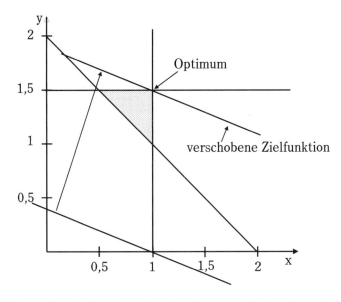

Das sich ergebende Optimum ist der „letzte zulässige Punkt", der sich beim Verschieben ergibt. Das Optimum wurde in der Grafik kenntlich gemacht, es lautet (1|1,5). Für die Zielfunktion ergibt sich:

$$Z(1, 1{,}5) = 2*1 + 5*1{,}5 = 9{,}5$$

1.8.C Als Ausgangstableau ergibt sich:

-20	56	40	1	0	0	0
0,3	1,5	2,3	0	1	0	4.000
1	1	1	0	0	1	6.000
3	4	4	0	0	0	-6.000

Als Pivotspalte wird die erste Spalte[1] gewählt. Nun werden die charakteristischen Quotienten bestimmt:

-20	56	40	1	0	0	0	/
0,3	1,5	2,3	0	1	0	4.000	13.333,$\overline{3}$
1	1	1	0	0	1	6.000	6.000
3	4	4	0	0	0	-6.000	

In der ersten Zeile ist das Element in der Pivotspalte negativ. In solchen Fällen ergibt sich durch die Restriktion keinerlei Beschränkung, so dass gar kein Koeffizient berechnet werden muss. Die dritte Zeile ist die Pivotzeile, denn dort ergibt sich mit 6.000 der niedrigste Koeffizient. In der Pivotspalte werden nun Nullen produziert:

-20	56	40	1	0	0	0	+20III
0,3	1,5	2,3	0	1	0	4.000	-0,3III
1	1	1	0	0	1	6.000	
3	4	4	0	0	0	-6.000	-3III

0	76	60	1	0	20	120.000
0	1,2	2	0	1	-0.3	2.200
1	1	1	0	0	1	6.000
0	1	1	0	0	-3	-24.000

[1]: Häufiger wird empfohlen, das größte Element zu wählen, dann hätte man die zweite oder dritte Spalte wählen müssen. Die Rechnung ist in diesem Fall aber einfacher, wenn man die erste Spalte wählt.

Nun wird die dritte Spalte zur Pivotspalte gewählt (man hätte auch die zweite Spalte wählen können, aber wenn man die dritte Spalte wählt, wird die weitere Rechnung einfacher). Es ergeben sich folgende charakteristische Koeffizienten:

0	76	60	1	0	20	120.000	2.000
0	1,2	2	0	1	-0.3	2.200	1.100
1	1	1	0	0	1	6.000	6.000
0	1	1	0	0	-3	-24.000	

Der niedrigste Wert liegt in der zweiten Zeile, die somit zur Pivotzeile wird. In der Pivotspalte (der dritten Spalte) werden nun Nullen produziert:

0	76	60	1	0	20	120.000	-30II
0	1,2	2	0	1	-0.3	2.200	
1	1	1	0	0	1	6.000	-0,5II
0	1	1	0	0	-3	-24.000	-0,5II

0	40	0	1	-30	29	54.000
0	1,2	2	0	1	-0.3	2.200
1	0,4	0	0	-0,5	1,15	4.900
0	0,4	0	0	-0,5	-2,85	-25.100

Nun muss die zweite Spalte als Pivotspalte gewählt werden. Lediglich dort steht in der letzten Zeile noch ein positives Element. Nachfolgend sind die charakteristischen Koeffizienten berechnet. Die zweite Zeile wurde außerdem durch 2 geteilt, damit in der vorherigen Pivotspalte außer den Nullen nur noch eine 1 steht:

0	40	0	1	-30	29	54.000	1.350
0	0,6	1	0	0,5	-0.15	1.100	1.833
1	0,4	0	0	-0,5	1,15	4.900	12.250
0	0,4	0	0	-0,5	-2,85	-25.100	

Die erste Zeile ist die Pivotzeile. Beim "Nullenproduzieren" muss in der dritten und vierten Zeile $\frac{1}{100}$ (=0,01) mal die erste Zeile und in der zweiten Zeile $\frac{0,6}{40}$ (=0,015) mal die erste Zeile subtrahiert werden.

0	40	0	1	−30	29	54.000	
0	0,6	1	0	0,5	−0.15	1.100	−0,015I
1	0,4	0	0	−0,5	1,15	4.900	−0,01I
0	0,4	0	0	−0,5	−2,85	−25.100	−0,01I

0	40	0	1	−30	29	54.000
0	0	1	−0,015	0,95	−0.585	290
1	0	0	−0,01	−0,2	0,86	4.360
0	0	0	−0,01	−0,2	−3,14	−25.640

Die erste Zeile muss nun noch durch 40 geteilt werden. Es ergibt sich:

0	1	0	0,025	−0,75	0,725	1.350
0	0	1	−0,015	0,95	−0.585	290
1	0	0	−0,01	−0,2	0,86	4.360
0	0	0	−0,01	−0,2	−3,14	−25.640

Somit ergibt sich als maximierende Lösung:

$x = 4.360$, $y = 1.350$, $z = 290$

Der maximale Wert der Zielfunktion lässt sich in dem unteren rechten Kasten des Tableaus ablesen. In diesem Fall beträgt also der maximale Wert der Zielfunktion:

25.640

1.9 Eigenwerte

1.9.A Gegeben ist die Matrix

$$A = \begin{pmatrix} 1 & 0 & -6 \\ 1 & 2 & 0 \\ 0 & 1 & 3 \end{pmatrix}$$

Eine reelle Zahl λ heißt Eigenwert von A, wenn $\det(A - \lambda I) = 0$ ist (I = Einheitsmatrix). Schreiben Sie $(A - \lambda I)$ explizit hin und berechnen Sie alle reellen Eigenwerte von A.

1.9.B Gegeben sei die Matrix:

$$A = \begin{pmatrix} 2 & 2 \\ 2 & -1 \end{pmatrix}$$

a) Bestimmen Sie die Eigenwerte von A.

b) Bestimmen Sie zu jedem Eigenwert die Eigenvektoren.

c) Ist die Matrix A positiv definit?

1.9.C Gegeben sei die Matrix:

$$A = \begin{pmatrix} 1 & 3 \\ 3 & 1 \end{pmatrix}$$

a) Bestimmen Sie die Eigenwerte von A.

b) Geben Sie zu jedem Eigenwert einen Eigenvektor an.

1.9.D Gegeben sei die Matrix:

$$A = \begin{pmatrix} 1 & 0 & 3 \\ 0 & -1 & 0 \\ 4 & 0 & 2 \end{pmatrix}$$

a) Bestimmen Sie alle Eigenwerte von A.

b) Bestimmen Sie zu einem der Eigenwerte alle Eigenvektoren.

Lösungsvorschläge zu 1.9:
1.9.A

$$A - \lambda I = \begin{pmatrix} 1 & 0 & -6 \\ 1 & 2 & 0 \\ 0 & 1 & 3 \end{pmatrix} - \begin{pmatrix} \lambda & 0 & 0 \\ 0 & \lambda & 0 \\ 0 & 0 & \lambda \end{pmatrix} = \begin{pmatrix} 1-\lambda & 0 & -6 \\ 1 & 2-\lambda & 0 \\ 0 & 1 & 3-\lambda \end{pmatrix}$$

$\det(A - \lambda I) = (1-\lambda)(2-\lambda)(3-\lambda) - 6$

$= 6 - \lambda^3 + 6\lambda^2 - 11\lambda - 6 = -\lambda^3 + 6\lambda^2 - 11\lambda$

Eigenwerte liegen vor, wenn $\det(A - \lambda I) = 0$ gilt. Also:

$-\lambda^3 + 6\lambda^2 - 11\lambda = 0 \Leftrightarrow (6\lambda - 11 - \lambda^2)\lambda = 0$

$\Leftrightarrow \lambda = 0$ oder $-11 + 6\lambda - \lambda^2 = 0$

$\Leftrightarrow \lambda = 0$ oder $\lambda^2 - 6\lambda + 11 = 0$

Nachfolgend wird die quadratische Gleichung mittels quadratischer Ergänzung gelöst. Stattdessen hätte auch die pq-Formel angewendet werden können.

$\Leftrightarrow \lambda = 0$ oder $(\lambda - 3)^2 - 9 + 11 = 0$

$\Leftrightarrow \lambda = 0$ oder $(\lambda - 3)^2 = -2$

$\Leftrightarrow \lambda = 0$ oder $\lambda - 3 = \pm\sqrt{-2}$

Da die Wurzel aus einer negativen Zahl in $\mathbb{R}$ nicht definiert ist, ist $\lambda = 0$ der einzige reelle Eigenwert.

1.9.B

a) $A - \lambda I = \begin{pmatrix} 2 & 2 \\ 2 & -1 \end{pmatrix} - \lambda \begin{pmatrix} 1 & 0 \\ 0 & 1 \end{pmatrix} = \begin{pmatrix} 2-\lambda & 2 \\ 2 & -1-\lambda \end{pmatrix}$

$\det(A - \lambda I) = 0$

$\Leftrightarrow \det\begin{pmatrix} 2-\lambda & 2 \\ 2 & -1-\lambda \end{pmatrix} = 0$

$\Leftrightarrow (2 - \lambda)(-1 - \lambda) - 4 = 0$

$\Leftrightarrow -2 + \lambda - 2\lambda + \lambda^2 - 4 = 0$

$\Leftrightarrow \lambda^2 - \lambda - 6 = 0$

Mittels der pq-Formel ergibt sich für λ:

$\lambda = \frac{1}{2} \pm \sqrt{\left(\frac{1}{2}\right)^2 - (-6)}$

$\Leftrightarrow \lambda = \frac{1}{2} \pm \sqrt{\frac{1}{4} + 6}$

$\Leftrightarrow \lambda = \frac{1}{2} \pm \sqrt{\frac{1}{4} + \frac{24}{4}}$

$\Leftrightarrow \lambda = \frac{1}{2} \pm \sqrt{\frac{25}{4}}$

$\Leftrightarrow \lambda = \frac{1}{2} \pm \frac{5}{2}$

$\Leftrightarrow \lambda = 3 \ \lor \ \lambda = -2$

b) Die Eigenvektoren sind die Lösungen des linearen homogenen Gleichungssystems $(A - \lambda I) x = 0$. Allerdings ist hierbei noch eine Einschränkung zu beachten: Der Nullvektor zählt nicht zu den Eigenvektoren, obwohl er jedes lineare homogene Gleichungssystem löst.

Die Koeffizientenmatrix des Gleichungssystems lautet $A - \lambda I$, für $\lambda = 3$ ergibt sich:

$$A - 3I = \begin{pmatrix} 2 & 2 \\ 2 & -1 \end{pmatrix} - 3 \begin{pmatrix} 1 & 0 \\ 0 & 1 \end{pmatrix} = \begin{pmatrix} 2-3 & 2 \\ 2 & -1-3 \end{pmatrix}$$

$$= \begin{pmatrix} -1 & 2 \\ 2 & -4 \end{pmatrix}$$

Da es sich um ein homogenes Gleichungssystem handelt, stehen bei der erweiterten Koeffizientenmatrix in der letzten Spalte nur Nullen. Mittels des Gauß-Algorithmus wird die erweiterte Koeffizientenmatrix nun umgeformt:

$$\begin{pmatrix} -1 & 2 & 0 \\ 2 & -4 & 0 \end{pmatrix} +2*I$$

$$\begin{pmatrix} -1 & 2 & 0 \\ 0 & 0 & 0 \end{pmatrix}$$

Es hat sich eine Nullzeile ergeben. Hätte sich keine Nullzeile ergeben, hätte man entweder an dieser Stelle oder bei der Bestimmung der Eigenwerte einen Fehler gemacht, denn die Eigenwerte werden gerade so bestimmt, dass die Koeffizientenmatrix singulär ist. Bei der Koeffizientenmatrix muss sich also eine Nullzeile ergeben, da es sich um ein homogenes Geichungssystem handelt, hat dann auch die erweiterte Koeffizientenmatrix eine Nullzeile.

Aus der ersten Zeile der Matrix ergibt sich:

$-x_1 + 2x_2 = 0$

$\Leftrightarrow x_1 = 2x_2$

Die Lösungsmenge dieser Gleichung stellt die Eigenvektoren zu dem Eigenwert 3 dar:

$$\mathbb{L} = \left\{ \begin{pmatrix} 2x_2 \\ x_2 \end{pmatrix} \mid x_2 \in \mathbb{R}\setminus\{0\} \right\}$$

Für den Eigenwert -2 ergeben sich die Eigenvektoren folgendermaßen:

$$A - (-2)I = \begin{pmatrix} 2 & 2 \\ 2 & -1 \end{pmatrix} + 2\begin{pmatrix} 1 & 0 \\ 0 & 1 \end{pmatrix} = \begin{pmatrix} 2+2 & 2 \\ 2 & -1+2 \end{pmatrix}$$

$$= \begin{pmatrix} 4 & 2 \\ 2 & 1 \end{pmatrix}$$

Somit lautet die zugehörige erweiterte Koeffizientenmatrix:

$$\begin{pmatrix} 4 & 2 & 0 \\ 2 & 1 & 0 \end{pmatrix} -0{,}5*I$$

$$\begin{pmatrix} 4 & 2 & 0 \\ 0 & 0 & 0 \end{pmatrix}$$

Aus der ersten Zeile der Matrix ergibt sich:

$4x_1 + 2x_2 = 0 \mid -2x_2$

$\Leftrightarrow 4x_1 = -2x_2 \mid /4$

$\Leftrightarrow x_1 = -0{,}5 x_2$

Die Menge der Eigenvektoren lautet:

$$\mathbb{L} = \left\{ \begin{pmatrix} -0{,}5\, x_2 \\ x_2 \end{pmatrix} \mid x_2 \in \mathbb{R}\setminus\{0\} \right\}$$

c) Da nicht alle Eigenwerte positiv sind, ist die Matrix nicht positiv definit.

1.9.C

$$A - \lambda I = \begin{pmatrix} 1 & 3 \\ 3 & 1 \end{pmatrix} - \lambda \begin{pmatrix} 1 & 0 \\ 0 & 1 \end{pmatrix} = \begin{pmatrix} 1-\lambda & 3 \\ 3 & 1-\lambda \end{pmatrix}$$

$$\Leftrightarrow \det\begin{pmatrix} 1-\lambda & 3 \\ 3 & 1-\lambda \end{pmatrix} = 0$$

$\Leftrightarrow (1 - \lambda)(1 - \lambda) - 9 = 0$

$\Leftrightarrow 1 - 2\lambda + \lambda^2 - 9 = 0$

$\Leftrightarrow \lambda^2 - 2\lambda - 8 = 0$

Mittels der pq-Formel ergibt sich für λ:

$\lambda = 1 \pm \sqrt{1 - (-8)}$

$\Leftrightarrow \lambda = 1 \pm \sqrt{9}$

$\Leftrightarrow \lambda = 1 + 3 \ \lor \ \lambda = 1 - 3$

$\Leftrightarrow \lambda = 4 \ \lor \ \lambda = -2$

b) Für $\lambda = \mathbf{4}$ ergibt sich:

$$A - 4I = \begin{pmatrix} 1 & 3 \\ 3 & 1 \end{pmatrix} - 4\begin{pmatrix} 1 & 0 \\ 0 & 1 \end{pmatrix} = \begin{pmatrix} -3 & 3 \\ 3 & -3 \end{pmatrix}$$

Somit lautet die zugehörige erweiterte Koeffizientenmatrix:

$$\begin{pmatrix} -3 & 3 & 0 \\ 3 & -3 & 0 \end{pmatrix} + I$$

$$\begin{pmatrix} -3 & 3 & 0 \\ 0 & 0 & 0 \end{pmatrix}$$

Aus der ersten Zeile der Matrix ergibt sich:

$-3x_1 + 3x_2 = 0 \ |-3x_2$

$\Leftrightarrow -3x_1 = -3x_2 \ |/(-3)$

$\Leftrightarrow x_1 = x_2$

In diesem Fall ist in der Aufgabenstellung nicht nach allen Eigenvektoren gefragt, sondern es reicht aus, einen einzigen Eigenvektor anzugeben. Somit kann für x_2 eine beliebige reelle Zahl (außer 0) einge-

setzt werden. Für $x_2 = 1$ ergibt sich z. B. der folgende Vektor:
$$\begin{pmatrix} 1 \\ 1 \end{pmatrix}$$
Für $\lambda = -2$ ergibt sich entsprechend:
$$A - (-2)I = \begin{pmatrix} 1 & 3 \\ 3 & 1 \end{pmatrix} + 2\begin{pmatrix} 1 & 0 \\ 0 & 1 \end{pmatrix} = \begin{pmatrix} 3 & 3 \\ 3 & 3 \end{pmatrix}$$

Somit lautet die zugehörige erweiterte Koeffizientenmatrix:
$$\begin{pmatrix} 3 & 3 & 0 \\ 3 & 3 & 0 \end{pmatrix} -I$$
$$\begin{pmatrix} 3 & 3 & 0 \\ 0 & 0 & 0 \end{pmatrix}$$

Aus der ersten Zeile der Matrix ergibt sich:

$3x_1 + 3x_2 = 0 \mid -3x_2$

$\Leftrightarrow 3x_1 = -3x_2 \mid /(3)$

$\Leftrightarrow x_1 = -x_2$

Für $x_2 = 1$ ergibt sich der folgende Vektor:
$$\begin{pmatrix} -1 \\ 1 \end{pmatrix}$$

1.9.D a)

$$A - \lambda I = \begin{pmatrix} 1 & 0 & 3 \\ 0 & -1 & 0 \\ 4 & 0 & 2 \end{pmatrix} - \begin{pmatrix} \lambda & 0 & 0 \\ 0 & \lambda & 0 \\ 0 & 0 & \lambda \end{pmatrix} = \begin{pmatrix} 1-\lambda & 0 & 3 \\ 0 & -1-\lambda & 0 \\ 4 & 0 & 2-\lambda \end{pmatrix}$$

$\det(A - \lambda I) = (1-\lambda)(-1-\lambda)(2-\lambda) - 4(-1-\lambda)3$

Die Determinante kann umgeformt werden, der Faktor $(-1-\lambda)$ kann ausgeklammert werden.[1] Es ergibt sich:

$= (-1-\lambda) * ((1-\lambda)(2-\lambda) - 4*3)$

Eigenwerte liegen vor, wenn $\det(A - \lambda I) = 0$ gilt. Also:

$(-1-\lambda) * ((1-\lambda)(2-\lambda) - 12) = 0$

Ein Produkt ist Null, wenn einer der Faktoren Null ist:

$\Leftrightarrow (-1-\lambda) = 0 \ \vee \ ((1-\lambda)(2-\lambda) - 12) = 0$

$\Leftrightarrow -\lambda = 1 \ \vee \ 2 - 2\lambda - \lambda + \lambda^2 - 12 = 0$

$\Leftrightarrow \lambda = -1 \ \vee \ \lambda^2 - 3\lambda - 10 = 0$

Die quadratische Gleichung wird jetzt mit der pq-Formel gelöst:

$$\lambda = \frac{3}{2} \pm \sqrt{\left(\frac{3}{2}\right)^2 - (-10)}$$

$$\Leftrightarrow \lambda = \frac{3}{2} \pm \sqrt{\frac{9}{4} + 10}$$

$$\Leftrightarrow \lambda = \frac{3}{2} \pm \sqrt{\frac{9}{4} + \frac{40}{4}}$$

$$\Leftrightarrow \lambda = \frac{3}{2} \pm \sqrt{\frac{49}{4}}$$

$$\Leftrightarrow \lambda = \frac{3}{2} \pm \frac{7}{2}$$

$$\Leftrightarrow \lambda = 5 \ \vee \ \lambda = -2$$

1: Bei der Berechnung von Eigenwerten einer 3x3 in einer Klausur werden derartige Umformungen in aller Regel möglich sein. Man sollte also nicht sofort alles ausmultiplizieren, sondern zunächst nach gemeinsamen Faktoren suchen und diese gegebenenfalls ausklammern. Wenn keine Vereinfachungen möglich sind, ergibt sich eine kubische Gleichung. Für die Lösung einer derartigen Gleichung muss zunächst eine Nullstelle „erraten" werden.

Die Matrix A hat somit die Eigenwerte $-2, -1$ und 5.

b) Nachfolgend werden die Eigenvektoren für $\lambda = -1$ bestimmt:

$$A - (-1)I = \begin{pmatrix} 1 & 0 & 3 \\ 0 & -1 & 0 \\ 4 & 0 & 2 \end{pmatrix} + \begin{pmatrix} 1 & 0 & 0 \\ 0 & 1 & 0 \\ 0 & 0 & 1 \end{pmatrix} = \begin{pmatrix} 2 & 0 & 3 \\ 0 & 0 & 0 \\ 4 & 0 & 3 \end{pmatrix}$$

Somit lautet die erweiterte Koeffizientenmatrix des homogenen Gleichungssystems:

$$\begin{pmatrix} 2 & 0 & 3 & 0 \\ 0 & 0 & 0 & 0 \\ 4 & 0 & 3 & 0 \end{pmatrix}$$

Zunächst werden die zweite und dritte Zeile vertauscht:

$$\begin{pmatrix} 2 & 0 & 3 & 0 \\ 4 & 0 & 3 & 0 \\ 0 & 0 & 0 & 0 \end{pmatrix} -2I$$

$$\begin{pmatrix} 2 & 0 & 3 & 0 \\ 0 & 0 & -3 & 0 \\ 0 & 0 & 0 & 0 \end{pmatrix}$$

Aus der zweiten Zeile ergibt sich:

$-3x_3 = 0 \Leftrightarrow x_3 = 0$

Unter Verwendung dieses Ergebnisses folgt aus der ersten Zeile:

$2x_1 + 3*0 = 0 \Leftrightarrow x_1 = 0$

Für den Eigenwert -1 ergeben sich somit folgende Eigenvektoren:

$$\left\{ \begin{pmatrix} 0 \\ x_2 \\ 0 \end{pmatrix} \mid x_2 \in \mathbb{R}\setminus\{0\} \right\}$$

2 Folgen und Reihen

2.A Untersuchen Sie die Folge (a_n) auf Konvergenz. Geben Sie, falls möglich, den Grenzwert oder die Häufungspunkte an.

$$a_n = \frac{3n+2}{3} - \frac{2(n^3+1)}{2n^2+1}$$

2.B Welche der folgenden Aussagen sind korrekt? Begründen Sie die richtigen und widerlegen Sie die falschen Aussagen.

a) Hat eine Folge einen Häufungspunkt, so hat sie auch einen Grenzwert.

b) Hat eine Folge nur einen einzigen Häufungspunkt, so handelt es sich bei diesem Häufungspunkt auch um den Grenzwert.

c) Jede konvergente Folge ist monoton.

d) Jede nicht beschränkte Folge divergiert.

e) Jede divergente Folge ist unbeschränkt.

f) Jede beschränkte Folge konvergiert.

2.C Bestimmen Sie den Grenzwert der folgenden Reihe:

$100 + 100(1+i)^{-1} + 100(1+i)^{-2} + 100(1+i)^{-2} + \ldots$, $i > 0$

2.D Untersuchen Sie die Folge (a_n) auf Konvergenz. Geben Sie, falls möglich, den Grenzwert oder die Häufungspunkte an.

$$a_n = \frac{6n^2+1}{3n} - \frac{(6n^2+5)n-2}{3n^2+3n}$$

Lösungsvorschläge zu 2:

2.A Zunächst müssen die beiden Terme auf den Hauptnenner gebracht werden. Der Hauptnenner ergibt sich als das Produkt der beiden Nenner:

$$3 * (2n^2 + 1) = 6n^2 + 3$$

Um diesen Nenner zu erhalten werden die Brüche jeweils mit dem Nenner des anderen Bruchs erweitert:

$$\frac{3n+2}{3} - \frac{2(n^3+1)}{2n^2+1}$$

$$= \frac{2n^2+1}{2n^2+1} * \frac{3n+2}{3} - \frac{3}{3} * \frac{2(n^3+1)}{2n^2+1}$$

$$= \frac{6n^3 + 3n + 4n^2 + 2}{6n^2 + 3} - \frac{6n^3 + 6}{6n^2 + 3}$$

$$= \frac{4n^2 + 3n - 4}{6n^2 + 3}$$

Für den Grenzwert dieses Ausdrucks ergibt sich:

$$= \lim_{n \to \infty} \left(\frac{n^2}{n^2} \frac{4 + \frac{3}{n} - \frac{4}{n^2}}{6 + \frac{3}{n^2}} \right) = \frac{2}{3}$$

Die Folge ist somit konvergent und hat den Grenzwert $\frac{2}{3}$.

2.B a) Dies ist nur dann der Fall, wenn die Folge nur einen einzigen Häufungspunkt hat. Wenn eine Folge mehrere Häufungspunkte hat, so liegen unendlich viele Punkte außerhalb einer beliebig kleinen Umgebung eines der Häufungspunkte, daher kann es sich nicht um einen Grenzwert handeln.

b) Hat eine Folge nur einen einzigen Häufungspunkt, so ist dieser Häufungspunkt der Grenzwert der Folge. Dieser Satz gilt generell für Grenzwerte.

c) Es sei folgendes Gegenbeispiel betrachtet:

$$a_n = (-1)^n * \frac{1}{n}$$

Hierbei handelt es sich um eine alternierende Folge, sie ist somit nicht monoton. Die ersten Glieder der Folge lauten:

$$a_1 = -1, \ a_2 = \frac{1}{2}, \ a_3 = -\frac{1}{3}, \ a_4 = \frac{1}{4}$$

Es lässt sich deutlich erkennen, dass die Folge nicht monoton ist. Trotzdem hat sie einen Grenzwert, denn bei $\frac{1}{n}$ handelt es sich um eine Nullfolge, so dass der ganze Ausdruck gegen Null geht.

d) Diese Aussage ist richtig. Wenn eine Folge nicht beschränkt ist, geht sie gegen + oder - unendlich, daher kann sie keinen reellen Grenzwert haben.

e) Diese Aussage ist falsch, es gibt auch divergente Folgen, die beschränkt sind. Es sei z. B. die nachstehende Folge betrachtet:

$$a_n = (-1)^n$$

Die Folge liefert abwechselnd die Werte -1 und +1, somit ist sie beschränkt. Mit -1 und 1 hat sie zwei Häufungspunkte, daher hat sie keinen Grenzwert und ist entsprechend divergent.

f) Auch diese Aussage ist falsch. Es sei wieder die zuletzt betrachtete Folge angeführt:

$$a_n = (-1)^n$$

Diese Folge ist beschränkt, aber nicht konvergent.

2.C Es handelt sich um eine geometrische Reihe, denn die Summanden ändern sich jeweils um den gleichen Faktor. Bei dieser geometrischen Reihe lautet der Faktor:

$$(1+i)^{-1}$$

Für die geometrische Reihe gilt folgende Formel:

$$s_n = a_1 * \frac{q^n - 1}{q - 1}$$

q ist hierbei der Faktor zwischen den einzelnen Termen. In diesem Fall ist q also $(1+i)^{-1}$. Somit ergibt sich für die Glieder der Reihe:

$$s_n = 100 * \frac{((1+i)^{-1})^n - 1}{(1+i)^{-1} - 1}$$

Für den Grenzwert dieser Reihe ergibt sich nun Folgendes:

$$\lim_{n \to \infty} 100 * \frac{((1+i)^{-1})^n - 1}{(1+i)^{-1} - 1}$$

$$= 100 * \frac{-1}{(1+i)^{-1} - 1}$$

Da i größer als Null ist, ist (1+i) größer als 1 und entsprechend geht $(1+i)^{-n}$ für n gegen unendlich gegen Null. Weiter ergibt sich:

$$= 100 * \frac{-1}{\frac{1}{1+i} - 1} = 100 * \frac{-1}{\frac{1}{1+i} - \frac{1+i}{1+i}}$$

$$= 100 * \frac{-1}{\frac{-i}{1+i}} = 100 * \frac{1+i}{i}$$

Anmerkung: Es handelt sich bei der Aufgabe um eine Rentenzahlung von 100 mit vorschüssiger Verzinsung. Geläufiger ist die nachschüssige Verzinsung, hierbei hätte sich als Grenzwert 100/i ergeben.

2.D Die beiden Brüche müssen zunächst auf den Hauptnenner gebracht werden. In diesem Fall ist der Nenner des zweiten Bruches ($3n^2 + 3n$) ein Vielfaches des Nenners des ersten Bruches ($3n$). Daher ist $3n^2 + 3n$ der Hauptnenner. Somit wird der erste Bruch mit n + 1 erweitert:

$$\frac{6n^2 + 1}{3n} - \frac{(6n^2 + 5)n - 2}{3n^2 + 3n}$$

$$= \frac{(6n^2 + 1)(n + 1)}{3n(n + 1)} - \frac{(6n^2 + 5)n - 2}{3n^2 + 3n}$$

$$= \frac{6n^3 + 6n^2 + n + 1 - 6n^3 - 5n + 2}{3n^2 + 3n} = \frac{6n^2 - 4n + 3}{3n^2 + 3n}$$

Für den Grenzwert ergibt sich:

$$= \lim_{n \to \infty} \left(\frac{6n^2 - 4n + 3}{3n^2 + 3n} \right)$$

$$= \lim_{n \to \infty} \left(\frac{n^2}{n^2} \cdot \frac{6 - \frac{4}{n} + \frac{3}{n^2}}{3 + \frac{3}{n}} \right) = 2$$

3 Differentialrechnung einer Veränderlichen

3.1 Grenzwerte

Bestimmen Sie die folgenden Grenzwerte, sofern diese existieren.

3.1.A $\lim_{x \to -\infty} \dfrac{2|x|^3 - x^2}{2 + x^2 + 3x^3}$

3.1.B $\lim_{x \to 1} \dfrac{x^2 - 1}{x^3 - x^2 - x + 1}$

3.1.C $\lim_{x \to 2} \dfrac{3x^2 - 12}{x^3 - 2x^2 - 4x + 8}$

3.1.D $\lim_{x \to -\infty} \dfrac{5x^2 - 3|x|^5}{2x^5 - x + 1}$

3.1.E $\lim_{x \to \infty} \dfrac{5x^3 - 8x^2 + 3}{9x^4 - 3x^3 + x}$

3.1.F $\lim_{x \to 4} \dfrac{x^3 - 8x^2 + 16x}{x^3 - 9x^2 + 24x - 16}$

3.1.G $\lim_{x \to \infty} \dfrac{3x^2 - 7x}{4x^2 - 5x + 9}$

3.1.H $\lim_{x \to 0} \dfrac{1 - \cos(x)}{x^2}$

3.1.I $\lim_{x \to \infty} \dfrac{1 + x^2 + 2x^3}{x + x^2}$

3.1.J $\lim_{x \to -1} \dfrac{1 + x^2 + 2x^3}{x + x^2}$

3.1.K $\lim_{x \to 0} \ln\left(\dfrac{e^x}{1 + e^x}\right)$

3.1.L $\lim_{x \to -\infty} \dfrac{5x + 2(|x|)^3}{x^3 - x}$

3.1.M $\lim\limits_{n \to -\infty} \dfrac{|x-2|(2+x)-4}{3x^2-4x+1}$

3.1.N $\lim\limits_{x \to 0} \dfrac{\ln(1+x)-e^{2x+1}}{(x-1)^2}$

3.1.O $\lim\limits_{x \to a} \int\limits_a^x \dfrac{1}{\sqrt{2\pi}}\, e^{-\frac{t^2}{2}}\, dt$

3.1.P $\lim\limits_{x \to \infty} x\left(1-\cos(\tfrac{1}{x})\right)$

3.1.Q $\lim\limits_{x \to 0} \dfrac{\tan x}{x}$

3.1.R $\lim\limits_{x \to 0} \dfrac{\sin^2 x}{x^2}$

3.1.S $\lim\limits_{n \to \infty} n * \ln(1+\tfrac{1}{n})$

3.1.T $\lim\limits_{x \to -\infty} \ln(\sin(e^x))$

3.1.U Bestimmen Sie den folgenden Grenzwert ohne die Benutzung der Regel von l'Hospital, sofern er existiert.

$$\lim\limits_{x \to 1} \dfrac{2x^2-3x+1}{7+2x-9x^2}$$

3.1.V Für das Gesamteinkommen Y (GE/Jahr) eines Wirtschaftszweiges wird - ausgehend von einem Planungszeitpunkt t > 0 - im Zeitablauf eine Entwicklung prognostiziert, die gemäß folgender Funktion verläuft:

$$Y(t) = \dfrac{\ln(t^2)}{t}$$

Gesucht ist der "Sättigungswert" des Einkommens in weiter Zukunft, d.h.

$$\lim\limits_{t \to \infty} Y(t).$$

3.1.W Gegeben sei die Preis-Absatz-Funktion p mit

$$p = \frac{1}{e^{(x^3 - 64)} - 1} \quad \text{(p: Preis, x: Menge)}.$$

Gegen welchen Wert x_0 strebt die nachgefragte Menge x, wenn der Preis über alle Grenzen wächst (d.h. $\lim\limits_{p \to \infty} x(p)$).

Lösungsvorschläge zu 3.1:

3.1.A Hier müssen zuerst die Betragszeichen ersetzt werden. Betrag von x bedeutet, dass immer der positive Wert von x genommen wird. Wenn x positiv ist, kann man den Betrag auch weglassen, denn dann ändert er ja nichts. Wenn x dagegen negativ ist, dann wirkt der Betrag wie ein Minuszeichen vor dem x.
Also gilt für $x < 0$, $|x| = -x$. In dem zu betrachtenden Grenzwert geht x gegen $-\infty$, also kann auch hier $|x|$ durch $-x$ ersetzt werden.

$$\lim_{x \to -\infty} \frac{2|x|^3 - x^2}{2 + x^2 + 3x^3} = \lim_{x \to -\infty} \frac{2(-x)^3 - x^2}{2 + x^2 + 3x^3} = \lim_{x \to -\infty} \frac{-2x^3 - x^2}{2 + x^2 + 3x^3}$$

Nun wird die höchste gemeinsame Potenz im Zähler und Nenner ausgeklammert (alternativ könnte die Regel von l'Hospital angewendet werden, allerdings müsste hierbei ziemlich oft abgeleitet werden, bis nicht mehr Nenner und Zähler beide gegen unendlich gehen):

$$= \lim_{x \to -\infty} \frac{x^3}{x^3} * \frac{-2 - \frac{1}{x}}{\frac{2}{x^3} + \frac{1}{x} + 3}$$

Der vordere Term kürzt sich weg, und für x gegen unendlich werden im hinteren Term alle Glieder, bei denen x im Nenner steht, Null. Nach den Grenzwertsätzen können diese Grenzübergänge einzeln durchgeführt werden, so dass sich ergibt:

$$= \frac{-2 - 0}{0 + 0 + 3} = -\frac{2}{3}$$

3.1.B $\lim\limits_{x \to 1} \frac{x^2 - 1}{x^3 - x^2 - x + 1}$

Für x→1 gehen Nenner und Zähler gegen Null, also kann die Regel von l'Hospital angewendet werden. (Alternativ könnte auch der Ausdruck (x−1) durch Polynomdivision aus dem Zähler und Nenner herausgeteilt werden. Dieses Verfahren ist zwar eleganter, aber den meisten dürfte es mehr Schwierigkeiten bereiten als die Regel von l'Hospital.)

$$\lim_{x \to 1} \frac{x^2 - 1}{x^3 - x^2 - x + 1} = \lim_{x \to 1} \frac{2x}{3x^2 - 2x - 1}$$

Der Nenner ist für x=1 immer noch Null, aber der Zähler ist ungleich Null (2∗1); daher geht die Funktion gegen unendlich und es existiert kein Grenzwert (Polstelle der Funktion).

3.1.C $\lim_{x \to 2} \dfrac{3x^2 - 12}{x^3 - 2x^2 - 4x + 8} = \lim_{x \to 2} \dfrac{6x}{3x^2 - 4x - 4}$ (l'Hospital)

Der Nenner ist für x gleich 2 immer noch Null, der Zähler aber nicht, somit geht die Funktion gegen unendlich und daher existiert kein Grenzwert.

3.1.D $\lim_{x \to -\infty} \dfrac{5x^2 - 3|x|^5}{2x^5 - x + 1}$ (hier kann wie bei 2.A vorgegangen werden)

$$= \lim_{x \to -\infty} \frac{5x^2 - 3(-x)^5}{2x^5 - x + 1} = \lim_{x \to -\infty} \frac{5x^2 + 3x^5}{2x^5 - x + 1}$$

$$= \lim_{x \to -\infty} \frac{x^5}{x^5} \cdot \frac{\frac{5}{x^3} + 3}{2 - \frac{1}{x^4} + \frac{1}{x^5}} = 1{,}5$$

3.1.E $\lim_{x \to \infty} \dfrac{5x^3 - 8x^2 + 3}{9x^4 - 3x^3 + x} = \lim_{x \to \infty} \dfrac{x^3 \left(5 - \dfrac{8}{x} + \dfrac{3}{x^3}\right)}{x^4 \left(9 - \dfrac{3}{x} + \dfrac{1}{x^3}\right)}$

$$= \lim_{x \to \infty} \frac{\left(5 - \dfrac{8}{x} + \dfrac{3}{x^3}\right)}{x \left(9 - \dfrac{3}{x} + \dfrac{1}{x^3}\right)} = \lim_{x \to \infty} \frac{1}{x} * \frac{5}{9} = 0$$

3.1.F $\lim_{x \to 4} \dfrac{x^3 - 8x^2 + 16x}{x^3 - 9x^2 + 24x - 16}$

Für x=4 werden Zähler und Nenner beide Null. Also folgt (l'Hospital):

$$\lim_{x \to 4} \frac{x^3 - 8x^2 + 16x}{x^3 - 9x^2 + 24x - 16} = \lim_{x \to 4} \frac{3x^2 - 16x + 16}{3x^2 - 18x + 24}$$

Da Nenner und Zähler immer noch beide Null sind, wird noch einmal abgeleitet:

$$= \lim_{x \to 4} \frac{6x - 16}{6x - 18} = \frac{24 - 16}{24 - 18} = \frac{8}{6} = \frac{4}{3}$$

3.1.G
$$\lim_{x \to \infty} \frac{3x^2 - 7x}{4x^2 - 5x + 9} = \lim_{x \to \infty} \frac{x^2}{x^2} * \frac{3 - \frac{7}{x}}{4 - \frac{5}{x} + \frac{9}{x^2}} = \frac{3}{4}$$

3.1.H (l'Hospital)

$$\lim_{x \to 0} \frac{1 - \cos(x)}{x^2} = \lim_{x \to 0} \frac{\sin(x)}{2x} = \lim_{x \to 0} \frac{\cos(x)}{2} = \frac{1}{2}$$

3.1.I Da Nenner und Zähler für $x \mapsto \infty$ ebenfalls gegen ∞ gehen, kann l'Hospital angewendet werden:

$$\lim_{x \to \infty} \frac{1 + x^2 + 2x^3}{x + x^2} = \lim_{x \to \infty} \frac{2x + 6x^2}{1 + 2x} = \lim_{x \to \infty} \frac{2 + 12x}{2}$$

Nun geht nur noch der Zähler gegen unendlich. Somit geht auch der ganze Ausdruck gegen unendlich, und es existiert kein Grenzwert.

3.1.J Da Nenner und Zähler für $x \mapsto -1$ gegen 0 gehen, kann l'Hospital angewendet werden:

$$\lim_{x \to -1} \frac{1 + x^2 + 2x^3}{x + x^2} = \lim_{x \to -1} \frac{2x + 6x^2}{1 + 2x} = \frac{-2 + 6}{1 - 2} = -4$$

3.1.K
$$\lim_{x \to 0} \ln(\frac{e^x}{1 + e^x}) = \ln(\frac{e^0}{1 + e^0}) = \ln(0{,}5) \quad -0{,}69$$

3.1.L Da der Grenzwert gegen $-\infty$ betrachtet wird, sind für x immer negative Zahlen einzusetzen. Der Betrag ändert somit das Vorzeichen und er kann durch ein Minuszeichen ersetzt werden.

$$\lim_{x \to -\infty} \frac{5x + 2(|x|)^3}{x^3 - x}$$

$$= \lim_{x \to -\infty} \frac{5x + 2(-x)^3}{x^3 - x}$$

$$= \lim_{x \to -\infty} \frac{5x - 2x^3}{x^3 - x} = -2$$

$$= \lim_{x \to -\infty} \frac{x^3}{x^3} \frac{5/x^2 - 2}{1 - 1/x^2} = -2$$

3.1.M Da der Grenzwert gegen $-\infty$ betrachtet wird, kann „$|x - 2|$" durch „$-(x - 2)$" ersetzt werden. Es ergibt sich:

$$\lim_{n \to -\infty} \frac{|x-2|(2+x) - 4}{3x^2 - 4x + 1}$$

$$= \lim_{n \to -\infty} \frac{-(x-2)(2+x) - 4}{3x^2 - 4x + 1}$$

$$= \lim_{n \to -\infty} \left(\frac{x^2}{x^2} * \frac{-(1 - 2/x)(2/x + 1) - 4/x^2}{3 - 4/x + 1/x^2} \right) = -\frac{1}{3}$$

3.1.N Da alle Ausdrücke bei x=0 definiert sind, kann einfach eingesetzt werden:

$$\lim_{x \to 0} \frac{\ln(1 + x) - e^{2x + 1}}{(x - 1)^2} = \frac{\ln(1) - e^1}{1} = -e$$

3.1.O $\lim_{x \to a} \int_a^x \frac{1}{\sqrt{2\pi}} e^{-\frac{t^2}{2}} dt = \int_a^a \frac{1}{\sqrt{2\pi}} e^{-\frac{t^2}{2}} dt = 0$

3.1.P Dieser Grenzwert kann in einen Quotienten umgewandelt und nachfolgend mit der Regel von l'Hospital gelöst werden. (Alternativ könnte auch die Potenzreihenentwicklung für den cosinus verwendet werden.)

$$\lim_{x \to \infty} x \left(1 - \cos(\tfrac{1}{x}) \right) = \lim_{x \to \infty} \frac{1 - \cos(\tfrac{1}{x})}{x^{-1}}$$

Für x gegen ∞ gehen Nenner und Zähler jeweils gegen Null, so dass l'Hospital angewendet werden kann:

$$\lim_{x \to \infty} \frac{1 - \cos(\tfrac{1}{x})}{x^{-1}} = \lim_{x \to \infty} \frac{-x^{-2} * \sin(\tfrac{1}{x})}{-x^{-2}} = \lim_{x \to \infty} \sin(\tfrac{1}{x}) = 0$$

3.1.Q $\lim_{x \to 0} \dfrac{\tan x}{x} = \lim_{x \to 0} \dfrac{\frac{1}{\cos^2 x}}{1}$ (l'Hospital)

$= \lim_{x \to 0} \dfrac{1}{\cos^2 x} = \dfrac{1}{1} = 1$

3.1.R $\lim_{x \to 0} \dfrac{\sin^2 x}{x^2} = \lim_{x \to 0} \dfrac{2 \sin x \cos x}{2x}$ (l'Hospital)

Da Nenner und Zähler immer noch beide Null ergeben, wenn man für x Null einsetzt, kann noch einmal die Regel von l'Hospital angewendet werden:

$= \lim_{x \to 0} \dfrac{2(\cos x * \cos x + \sin x * (-\sin x))}{2} = 1$

3.1.S Zunächst wird der Term in einen Bruch umgewandelt:

$\lim_{n \to \infty} n * \ln\left(1 + \dfrac{1}{n}\right) = \lim_{n \to \infty} \dfrac{\ln\left(1 + \frac{1}{n}\right)}{\frac{1}{n}}$

Für n gegen unendlich gehen sowohl der Zähler als auch der Nenner, gegen Null, somit kann l'Hospital angewendet werden:

$\lim_{n \to \infty} \dfrac{\ln\left(1 + \frac{1}{n}\right)}{\frac{1}{n}} = \lim_{n \to \infty} \dfrac{\frac{1}{1 + \frac{1}{n}} * \left(-\frac{1}{n^2}\right)}{-\frac{1}{n^2}}$

$= \lim_{n \to \infty} \dfrac{1}{1 + \frac{1}{n}} = 1$

3.1.T $\lim_{x \to -\infty} \ln(\sin(e^x))$

e^x geht für x gegen $-\infty$ gegen Null. Für kleine y gilt: $\sin(y) \approx y$

Wenn man diese Näherung benutzt, die erlaubt ist, weil e^x beliebig klein wird, ergibt sich:

$\lim_{x \to -\infty} \ln(\sin(e^x)) = \lim_{x \to -\infty} \ln(e^x) = \lim_{x \to -\infty} x$

Der Ausdruck geht also für $x \to -\infty$ ebenfalls gegen $-\infty$. Somit existiert kein reeller Grenzwert.

3.1.U Die Berechnung mit der Regel von l' Hospital wäre deutlich einfacher als die nachfolgend dargestellte Möglichkeit. Zwar handelt es sich bei den nachfolgenden Umformungen „nur" um Mittelstufenmathematik aber trotzdem ist die Auflösung relativ aufwendig. Es fragt sich auch, ob es sinnvoll sein kann, die Benutzung einer bekannten Regel in einer Klausur zu verbieten. Für alle die, bei denen derartige Aufgaben aber dennoch in den Klausuren auftreten, wird nachfolgend die Lösung präsentiert:

Zunächst müssen Zähler und Nenner in Faktoren zerlegt werden. Hierzu werden als erstes die Nullstellen bestimmt. Für den Nenner ergibt sich:

$7 + 2x - 9x^2 = 0$

$\Leftrightarrow -9(x^2 - \frac{2}{9}x - \frac{7}{9}) = 0$

$\Leftrightarrow x^2 - \frac{2}{9}x - \frac{7}{9} = 0$

$\Leftrightarrow x = 1 \lor x = -\frac{7}{9}$

Somit ergibt sich folgende Zerlegung:

$x^2 - \frac{2}{9}x - \frac{7}{9} = (x - 1) * (x - (-\frac{7}{9}))$
$= (x - 1) * (x + \frac{7}{9})$

Für den gesamten Nenner folgt:

$7 + 2x - 9x^2 = -9(x^2 - \frac{2}{9}x - \frac{7}{9}) = -9(x - 1) * (x + \frac{7}{9})$

Für den Zähler ergibt sich:

$2x^2 - 3x + 1 = 0$

$\Leftrightarrow 2(x^2 - 1{,}5x + 0{,}5) = 0$

$\Leftrightarrow x^2 - 1{,}5x + 0{,}5 = 0$

$\Leftrightarrow x = 1 \lor x = 0{,}5$

Somit ergibt sich folgende Zerlegung:

$x^2 - 1{,}5x + 0{,}5 = (x - 1) * (x - 0{,}5)$

Für den gesamten Zähler:

$2x^2 - 3x + 1 = 2(x^2 - 1{,}5x + 0{,}5) = 2(x - 1) * (x - 0{,}5)$

Insgesamt ergibt sich für den Grenzwert:

$$\lim_{x \to 1} \frac{2(x - 1) * (x - 0{,}5)}{-9(x - 1) * (x + \frac{7}{9})}$$

$$= \lim_{x \to 1} \frac{2(x - 0{,}5)}{-9(x + \frac{7}{9})} = \frac{2(1 - 0{,}5)}{-9(1 + \frac{7}{9})} = -\frac{1}{16}$$

3.1.V Da Nenner und Zähler für $x \to \infty$ ebenfalls gegen ∞ gehen, kann l' Hospital angewendet werden. Zuvor wird der Ausdruck noch nach den Rechenregeln für Logarithmen umgeformt, hierdurch vereinfacht sich die Ableitung des Zählers.

$$\lim_{t \to \infty} \frac{\ln(t^2)}{t} = \lim_{t \to \infty} \frac{2\ln(t)}{t} = \lim_{t \to \infty} \frac{\frac{2}{t}}{1} = \lim_{t \to \infty} \frac{2}{t} = 0$$

3.1.W Hier soll der Grenzwert für x(p) berechnet werden. Hierzu muss die gegebene Funktion p(x) zunächst nach x aufgelöst werden:

$$p = \frac{1}{e^{(x^3 - 64)} - 1} \Leftrightarrow e^{(x^3 - 64)} - 1 = \frac{1}{p} \Leftrightarrow e^{(x^3 - 64)} = \frac{1}{p} + 1 \;|\ln$$

$$\Leftrightarrow x^3 - 64 = \ln(\frac{1}{p} + 1) \Leftrightarrow x^3 = \ln(\frac{1}{p} + 1) + 64 \;|\sqrt[3]{}$$

$$\Leftrightarrow x = \sqrt[3]{\ln(\frac{1}{p}+1)+64}$$

Von diesem Ausdruck muss nun der Grenzwert bestimmt werden:

$$\lim_{p \to \infty} \sqrt[3]{\ln(\frac{1}{p}+1)+64} = \sqrt[3]{0 + 64} = 4$$

3.2 Funktionen und Ableitungen

3.2.A Gegeben sei $f:(0, \infty) \to \mathbb{R}$ mit $f(x) = \ln(x^3)$.
Geben Sie die Umkehrfunktion f^{-1} (einschließlich Definitionsbereich) an.

3.2.B Bestimmen Sie für folgende Funktion die 1. Ableitung:
$$f(x) = \frac{e^{2x} + e^{-x}}{e^x - e^{-2x}}$$

3.2.C Gegeben sei die Funktion $f : \mathbb{R} \to \mathbb{R}$, mit
$$f : \begin{cases} \dfrac{x^2 + 5x - 6}{x + 6} & \text{für } x < -6 \\ -7 & \text{für } x = -6 \\ e^{x-1} & \text{für } x > -6 \end{cases}$$
Ist f an der Stelle $x = -6$ stetig?

3.2.D Gegeben sei die Funktion $f: \mathbb{R} \to \mathbb{R}$
$$x \to f(x) = \begin{cases} -\ln(-x + a) + b & \text{für } x < 0 \\ ae^{4x} + \dfrac{1}{2} & \text{für } x \geq 0 \end{cases}$$
Bestimmen Sie a und b so, dass f an der Stelle $x = 0$ stetig und differenzierbar ist.

3.2.E Gegeben sei die Funktion $f: \mathbb{R} \to \mathbb{R}$
$$f(x) = \begin{cases} \dfrac{2x^3 - 4x^2 + 2x}{x^2 - 2x + 1} & \text{für } x < 1 \\ e^{x-1} + 1 & \text{für } x \geq 1 \end{cases}$$
Untersuchen Sie, ob die Funktion an der Stelle $x = 1$ stetig ist.

3.2.F Gegeben sei die Funktion $f: \mathbb{R} \to \mathbb{R}$ mit $f(x) = 2x^3 - 4x - 2$

a) Berechnen und vereinfachen Sie den Differenzenquotienten
$$\frac{\Delta y}{\Delta x} = \frac{f(x_0 + \Delta x) - f(x_0)}{\Delta x}$$

b) Ermitteln Sie über den Grenzwert des Differenzenquotienten den Differentialquotienten von F an der Stelle x_0.

3.2.G Gegeben seien die Funktionen

$f_i : A \to B, \ a \to f_i(a) = b$ mit

a) f_1

	B				
A	b_1	b_2	b_3	b_4	b_5
a_1	×		×		
a_2		×			
a_3				×	
a_4		×			
a_5				×	

b) f_2

	B				
A	b_1	b_2	b_3	b_4	b_5
a_1			×		
a_2	×				
a_3				×	
a_4		×			
a_5					×

c) f_3

	B				
A	b_1	b_2	b_3	b_4	b_5
a_1	×				
a_2		×			
a_3				×	
a_4			×		
a_5					×

d) f_4

	B				
A	b_1	b_2	b_3	b_4	b_5
a_1	×				
a_2		×			
a_3				×	×
a_4					
a_5					×

e) f_5

	B			
A	b_1	b_2	b_3	b_4
a_1	×			
a_2		×		
a_3			×	
a_4		×		
a_5	×			

Untersuchen Sie jeweils, ob die Funktionen korrekt definiert sind. Untersuchen Sie weiterhin, falls die Funktionen korrekt definiert sind, ob diese surjektiv, bzw. injektiv, bzw. bijektiv sind.

3.2.H Gegeben seien die folgenden Funktionen:

(i) $f_1 : \mathbb{R} \to \mathbb{R}$, $f_1(x) = x^3$

(ii) $f_2 : \mathbb{R} \to \mathbb{R}$, $f_2(x) = x^2$

(iii) $f_3 : \mathbb{R} \to \mathbb{R}_0^+$, $f_3(x) = x^2$

(iv) $f_4 : \mathbb{R}_0^+ \to \mathbb{R}_0^+$, $f_4(x) = x^2$

Hierbei gilt: $\mathbb{R}_0^+ = \{x \in \mathbb{R} \mid x \geq 0\}$

Untersuchen Sie, ob die angegebenen Funktionen

a) surjektiv

b) injektiv

c) bijektiv

sind.

Lösungsvorschläge zu 3.2

3.2.A Die Funktion bildet aus dem $\mathbb{R}^+$ $(0, \infty)$ in den $\mathbb{R}$ ab. Bei der Umkehrfunktion sind einfach Definitions- und Wertebereich vertauscht. Der Definitionsbereich der Umkehrfunktion ist also gerade der Wertebereich der Ursprungsfunktion, also $\mathbb{R}$.

Die Umkehrfunktion erhält man, indem man in der Funktion x und y vertauscht und dann nach y auflöst:

$$x = \ln(y^3) \mid e\char`^$$

$$\Leftrightarrow e^x = y^3 \mid \char`^ \tfrac{1}{3}$$

$$\Leftrightarrow y = (e^x)^{\tfrac{1}{3}} = f^{-1}$$

3.2.B Nach der Quotientenregel ergibt sich:

$$f'(x) = \frac{(2e^{2x} - e^{-x}) * (e^x - e^{-2x}) - (e^{2x} + e^{-x}) * (e^x + 2e^{-2x})}{(e^x - e^{-2x})^2}$$

Die Klammern im Zähler müssen nun aufgelöst werden. Hierbei ist zu beachten, dass für Exponentialfunktionen gilt: $e^a * e^b = e^{a+b}$

$$= \frac{2e^{3x} - e^0 - 2e^0 + e^{-3x} - e^{3x} - e^0 - 2e^0 - 2e^{-3x}}{(e^x - e^{-2x})^2} = \frac{e^{3x} - e^{-3x} - 6}{(e^x - e^{-2x})^2}$$

3.2.C Eine Funktion ist an einer Stelle stetig, wenn der Funktionswert an der Stelle existiert und die Grenzwerte von links und rechts diesem Funktionswert entsprechen:

$$f(a) = \lim_{\substack{x \to a \\ x < a}} f(x) = \lim_{\substack{x \to a \\ x > a}} f(x)$$

Für die gegebene Funktion müssen also f(-6) und die Grenzwerte für x kleiner und x größer Null verglichen werden.

$f(-6) = -7$

$$\lim_{\substack{x \to -6 \\ x < -6}} \frac{x^2 + 5x - 6}{x + 6} = \lim_{\substack{x \to -6 \\ x < -6}} \frac{2x + 5}{1} = -7$$

Nenner und Zähler sind an der zu untersuchenden Stelle beide

Null, so dass l'Hospital angewendet werden konnte.

Der Grenzwert von links und der Funktionswert bei x=-6 sind also identisch. Jetzt muss noch der Grenzwert von rechts bestimmt werden:
$$\lim_{\substack{x \to -6 \\ x > -6}} e^{x-1} = e^{-7} = 0{,}000912$$

Von rechts ergibt sich also ein anderer Grenzwert, und die Funktion ist somit an der Stelle x=-6 nicht stetig.

3.2.D Stetig an der Stelle x = 0 ist die Funktion, wenn die folgende Bedingung erfüllt ist:
$$\lim_{x \uparrow 0} f(x) = \lim_{x \downarrow 0} f(x) = f(0)$$

Nachfolgend werden die beiden Grenzwerte gleich gesetzt:
$$\Rightarrow \lim_{x \uparrow 0} (-\ln(-x+a) + b) = \lim_{x \downarrow 0} (ae^{4x} + \frac{1}{2})$$
$$\Leftrightarrow -\ln(a) + b = a + \frac{1}{2}$$

Aufgrund der Definition der Funktion ist zudem $\lim_{x \downarrow 0} f(x) = f(0)$ erfüllt.

Differenzierbar an der Stelle x = 0 ist die Funktion, wenn zusätzlich die folgenden Grenzwerte identisch sind:
$$\lim_{x \uparrow 0} f'(x) = \lim_{x \downarrow 0} f'(x)$$
$$\Rightarrow \lim_{x \uparrow 0} \frac{1}{-x+a} = \lim_{x \downarrow 0} 4ae^{4x}$$
$$\Leftrightarrow \frac{1}{a} = 4a$$
$$\Leftrightarrow a = \frac{1}{2} \lor \left(a = -\frac{1}{2}\right)$$

Da a > 0 gelten soll, ergibt sich nur die erste Lösung. Für b ergibt sich:
$$-\ln(\frac{1}{2}) + b = \frac{1}{2} + \frac{1}{2}$$
$$\Leftrightarrow b = 1 + \ln(\frac{1}{2}) = 1 - \ln(2) = 0{,}307$$

3.2.E Für den Grenzwert von links ergibt sich:

$$\lim_{\substack{x \to 1 \\ x < 1}} \frac{2x^3 - 4x^2 + 2x}{x^2 - 2x + 1}$$

$$= \lim_{\substack{x \to 1 \\ x < 1}} \frac{6x^2 - 8x + 2}{2x - 2}$$

$$= \lim_{\substack{x \to 1 \\ x < 1}} \frac{12x - 8}{2} = 2 \quad \text{(es wurde zweimal l'Hospital angewendet)}$$

Der Grenzwert von rechts lautet:

$$\lim_{\substack{x \to 1 \\ x > 1}} e^{x-1} + 1 = 2$$

An der Stelle x = 1 ergibt sich ebenfalls:

$f(1) = e^{1-1} + 1 = 2$

Die Grenzwerte von links und rechts existieren somit und entsprechen dem Wert der Funktion an der Stelle x = 1, somit ist die Funktion an der Stelle x = 1 stetig.

3.2.F a)

$$\frac{\Delta y}{\Delta x} = \frac{2(x_0 + \Delta x)^3 - 4(x_0 + \Delta x) - 2 - (2x_0^3 - 4x_0 - 2)}{\Delta x}$$

$$= \frac{2(x_0^3 + 3x_0^2 \Delta x + 3x_0 \Delta x^2 + \Delta x^3) - 4x_0 - 4\Delta x - 2 - 2x_0^3 + 4x_0 + 2}{\Delta x}$$

$$= \frac{2x_0^3 + 6x_0^2 \Delta x + 6x_0 \Delta x^2 + 2\Delta x^3 - 4\Delta x - 2x_0^3}{\Delta x}$$

$$= \frac{6x_0^2 \Delta x + 6x_0 \Delta x^2 + 2\Delta x^3 - 4\Delta x}{\Delta x}$$

$$= 6x_0^2 + 6x_0 \Delta x + 2\Delta x^2 - 4$$

b) $\dfrac{dy}{dx} = \lim_{\Delta x \to 0} \dfrac{\Delta y}{\Delta x}$

$= \lim_{\Delta x \to 0} 6x_0^2 + 6x_0 \Delta x + 2\Delta x^2 - 4$

$= 6x_0^2 - 4$

3.2.G

a) a_1 werden sowohl b_1 als auch b_3 zugeordnet, daher ist die Funktion f_1 nicht korrekt definiert.

b) Jedem a_i wird genau ein b_j zugeordnet, daher ist die Funktion f_2 korrekt definiert. Da b_3 sowohl a_1 als auch a_4 zugeordnet ist, ist die Funktion nicht injektiv. Da b_1 in der Wertemenge enthalten ist, aber keinem a_i zugeordnet wird, ist die Funktion nicht surjektiv. Die Funktion ist entsrechend auch nicht bijektiv.

c) Jedem a_i wird genau ein b_j zugeordnet, daher ist die Funktion f_3 korrekt definiert. Da jedes b_j einem a_i zugeordnet wird, ist die Funktion surjektiv, da kein b_j mehreren a_i zugeordnet wird, ist die Funktion injektiv. Da die Funktion surjektiv und injektiv ist, ist sie auch bijektiv.

d) Die Funktion f_4 ist nicht korrekt definiert. (a_4 wird keinem, a_3 wird mehreren b_j zugeordnet)

e) Jedem a_i wird genau ein b_j zugeordnet, daher ist die Funktion f_5 korrekt definiert. Da jedes b_j (mindestens) einem a_i zugeordnet wird, ist die Funktion surjektiv. Da b_2 sowohl a_2 als auch a_5 zugeordnet ist, ist die Funktion nicht injektiv. Daher kann sie auch nicht bijektiv sein.

3.2.H

a) f_1, f_3 und f_4 sind surjektiv, f_2 ist es nicht.

Dass f_2 nicht surjektiv ist, lässt sich leicht durch ein Beispiel zeigen:

-1 ist ein Element der Wertemenge von f_2, es gibt aber kein Element der Definitionsmenge, so dass sich als Abbild -1 ergibt:

$$x^2 \neq -1 \text{ für alle } x \in \mathbb{R}$$

Bei den anderen Funktionen existiert zu jedem y aus der Wertemenge ein x aus der Definitionsmenge, so dass $f(x) = y$ gilt. Für dies y gilt bei den einzelnen Funktionen:

$$f_1: x = \sqrt[3]{y}$$

$$f_3: x = \pm \sqrt[2]{y}$$
$$f_4: x = \sqrt[2]{y}$$

b) Für die Untersuchung auf Injektivität wird nachfolgend überprüft, ob mehrere x-Werte existieren, die zu dem gleichen y-Wert führen:

(i) $\qquad f_1(x_1) = f_1(x_2)$

$\qquad\qquad \Leftrightarrow x_1^3 = x_2^3 \quad | \sqrt[3]{}$

$\qquad\qquad \Leftrightarrow x_1 = x_2$

Somit ist f_1 injektiv.

(ii) $\qquad f_2(x_1) = f_2(x_2)$

$\qquad\qquad \Leftrightarrow x_1^2 = x_2^2 \quad | \sqrt[2]{}$

$\qquad\qquad \Leftrightarrow x_1 = \pm x_2$

Da bei f_2 $x \in \mathbb{R}$ gilt, ist auch die negative Wurzel zu ziehen. Es gibt also im Allgemeinen verschiedene x-Werte, die zu demselben Funktionswert führen, daher ist die Funktion nicht injektiv.

(iii) f_3 unterscheidet sich von f_2 nur durch den eingeschränkten Wertebereich, auch hier ergibt sich:

$$f_3(x_1) = f_3(x_2) \Leftrightarrow x_1 = \pm x_2$$

Entsprechend ist auch f_3 nicht injektiv.

(iv) Bei f_4 ist auch die Definitionsmenge auf $\mathbb{R}_0^+$ eingeschränkt, daher können sich bei f_4 keine negativen Lösungen für x ergeben, entsprechend ergibt sich:

$\qquad f_4(x_1) = f_4(x_2)$

$\qquad\qquad \Leftrightarrow x_1^2 = x_2^2 \quad | \sqrt[2]{}$

$\qquad\qquad \Leftrightarrow x_1 = x_2$

Somit ist f_4 injektiv.

c) Bijektiv sind die Funktionen f_1 und f_4, denn diese sind sowohl surjektiv als auch injektiv. f_2 und f_3 sind nicht bijektiv.

3.3 Bestimmung von Extremwerten

3.3.A Bestimmen und klassifizieren Sie alle Extrema von

$f: [0{,}1\ ;\ 2] \to \mathbb{R};\ x \to f(x) = \ln(x) - x^2$

3.3.B Bestimmen Sie Max[f(x)] und Min[f(x)] für

$f: [0{,}1;\ 3] \to \mathbb{R};\ x \to f(x) = \ln(x) + x^2 - 4x + 3$

3.3.C Gegeben ist eine Produktionsfunktion

$Y(r) = -0.3r^3 + 18r^2 + 81r$ (Y: Output; r: Input).

Dabei darf der Input $r \geq 0$ maximal 31 Mengeneinheiten betragen.

a) Wo liegt im vorgegebenen Inputbereich das Ertragsmaximum (d.h. das Maximum des Outputs)?

b) Für welchen Faktorinput r_1 wird die Grenzproduktivität (d.h. die 1. Ableitung von Y(r)) maximal? Zeigen Sie, dass es sich wirklich um ein Maximum handelt.

c) Für welchen Faktorinput r_2 ist der Durchschnittsertrag

$\dfrac{Y(r)}{r}$ maximal?

d) Für welchen Faktorinput r_3 sind Grenzproduktivität und Durchschnittsertrag identisch?

3.3.D Bestimmen und klassifizieren Sie alle Extrema der Funktion

$f: [-1, 2] \to \mathbb{R}$ mit $f(x) = x^4 \ast e^{-x}$

3.3.E Gegeben ist die Integralfunktion

$F: x \to \int_0^x \dfrac{t^3 + 2t}{t^2 + 1}\ dt\ (x \in \mathbb{R}).$

a) Zeigen Sie, dass F höchstens eine lokale Extremstelle hat.

b) Untersuchen Sie, ob F tatsächlich ein lokales Extremum besitzt, und bestimmen Sie gegebenenfalls die Art des Extremums.

3.3.F Für einen Produzenten von Luxusautomobilen ergebe sich folgende Preisabsatz- und Grenzkostenfunktion:

$$p(x) = -4x^2 + 500.000$$
$$K'(x) = -200x + 500.000$$

Hierbei beträgt die maximal mögliche Produktionsmenge 500 Einheiten.

Die Produzentenrente PR (auch Deckungsbeitrag oder Brutto-Gewinn genannt) ist folgendermaßen definiert:

$$PR(z) = \int_0^z (p(x) - K'(x))\, dx$$

a) Bestimmen Sie die Produzentenrente in Abhängigkeit von z.

b) Bestimmen Sie die maximale Produzentenrente (Gewinnmaximum).

3.3.G Berechnen und klassifizieren Sie die Extrema von

$$f: [0; 1] \to \mathbb{R} \text{ mit } f(x) = e^x + x^2$$

3.3.H Berechnen und klassifizieren Sie die Extrema von

$$f: [-4; 4] \to \mathbb{R} \text{ mit } f(x) = 2e^{2x} - 4x$$

3.3.I Gegeben sei die Funktion

$$f: \mathbb{R} \to \mathbb{R} \setminus \{0\} \text{ mit } f(x) = x^2 \ln(x^2) - 2x^2$$

Bestimmen und klassifizieren Sie die Extrema von f.

3.3.J Für ein Unternehmen sei die folgende Gewinnfunktion gegeben:

$$G: [0; 5] \to \mathbb{R} \text{ mit } G(x) = x^3 - 6x^2 + 9x$$

a) Bestimmen Sie die relativen Maxima dieser Funktion!

b) Welchen Faktoreinsatz (x) würden Sie dem Unternehmen empfehlen, wie hoch ist der zugehörige Gewinn?

c) Wie würde der maximale Gewinn lauten, wenn die folgende Gewinnfunktion gegeben ist?

$$G^*: [0; 5] \to \mathbb{R} \text{ mit } G^*(x) = e^{(x^3 - 6x^2 + 9x)}$$

3.3 Extremwerte

3.3.K Bestimmen Sie für die Funktion f: $\mathbb{R} \to \mathbb{R}$
$f(x) = x^2 e^{-\frac{x}{2}}$

a) alle Nullstellen.

b) alle lokalen Extrema und klassifizieren Sie diese.

c) die Monotoniebereiche und klassifizieren Sie diese.

d) Berechnen Sie $\lim_{x \to \infty} f(x)$ und $\lim_{x \to -\infty} f(x)$.

Lösungsvorschläge zu 3.3:

3.3.A Zunächst werden die beiden Randwerte berechnet. Hierzu werden die beiden Grenzen des Definitionsbereiches (0,1 und 2) für x in die Funktion eingesetzt:

$f(0{,}1) = \ln 0{,}1 - 0{,}01 = -2{,}31$

$f(2) = \ln 2 - 4 = -3{,}31$

Als nächstes wird die Funktion auf **Hoch- und Tiefpunkte** untersucht. Diese können nur da vorliegen, wo die Steigung der Funktion gleich Null ist. Also muss die erste Ableitung gerade gleich Null sein. Für die Ableitungen ergibt sich:

$f'(x) = \frac{1}{x} - 2x = x^{-1} - 2x$

$f''(x) = -x^{-2} - 2$

$f'(x) = 0 \Leftrightarrow \frac{1}{x} - 2x = 0 \;|\; *x$ (x=0 liegt nicht im Definitionsbereich)

$\Leftrightarrow 1 - 2x^2 = 0 \Leftrightarrow x^2 = 0{,}5 \Leftrightarrow x = \pm\sqrt{0{,}5}$

Die negative Wurzel liegt aber außerhalb des Definitionsbereiches, der ja nur das Intervall $[0{,}1;\, 2]$ ist. Somit kommt nur die positive Wurzel als Extremwert in Frage. Um zu überprüfen, ob es wirklich ein Extremwert ist, und wenn ja, ob es sich dann um einen Hoch- oder Tiefpunkt handelt, muss der gefundene Wert noch in die zweite Ableitung eingesetzt werden.

$f''(\sqrt{0{,}5}) = -\sqrt{0{,}5}^{-2} - 2 = -\frac{1}{0{,}5} - 2 = -4 < 0$

Da die zweite Ableitung an der untersuchten Stelle negativ ist, handelt es sich um einen Hochpunkt. Der Funktionswert für den Hochpunkt ergibt sich durch Einsetzen in die Ursprungsfunktion:

$f(\sqrt{0{,}5}) = -0{,}85$

Nun sind die einzelnen Werte noch zu klassifizieren. Ein globales Extremum liegt immer dann vor, wenn bei diesem X-Wert der höchste oder niedrigste Y-Wert für den gesamten Definitionsbereich vorliegt. (Da ein lokales (bzw. relatives) Extremum immer eine Umgebung in beide Richtungen haben muss, für die der Funktionswert maximal oder minimal ist, können Randwerte keine lokalen Extrema sein.)

$f(0{,}1)\ \ \ = -2{,}31$
$f(\sqrt{0{,}5}) = -0{,}85$ globales Maximum
$f(2)\ \ \ \ \ = -3{,}31$ globales (Rand-) Minimum

In der nebenstehenden Zeichnung der Funktion lassen sich die Zusammenhänge gut erkennen:

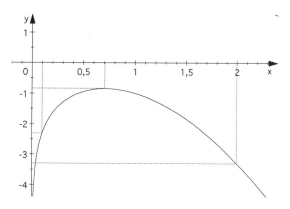

3.3.B

Randwerte: $f(0{,}1) = \ln 0{,}1 + 0{,}01 - 0{,}4 + 3 = 0{,}31$

$f(3) = \ln 3 + 9 - 12 + 3 = 1{,}1$

Hoch- und Tiefpunkte:

$f'(x) = \frac{1}{x} + 2x - 4 = 0$

$\Leftrightarrow 1 + 2x^2 - 4x = 0$

$\Leftrightarrow x^2 - 2x + 0{,}5 = 0$

Eine derartige quadratische Gleichung lässt sich mittels einer quadratischen Ergänzung oder auch der durch diese Methode ermittelten pq-Formel finden. Wer dies nicht mehr beherrscht (es handelt sich um den Stoff der 9. oder 10. Klasse), sollte sein Wissen dringend auffrischen (z.B. im Anhang "Mathematik - anschaulich dargestellt - ..."), denn dieses ist wirklich eine elementare mathematische Fähigkeit, die sehr häufig benötigt wird. Mittels der quadratischen Ergänzung ergibt sich:

$x^2 - 2x + 0{,}5 = 0$

$\Leftrightarrow (x-1)^2 - 1 + 0{,}5 = 0$

$\Leftrightarrow (x-1)^2 = 0{,}5$

$\Leftrightarrow x - 1 = \pm\sqrt{0{,}5} \Leftrightarrow x = \pm\sqrt{0{,}5} + 1$

$\Leftrightarrow x = 0{,}29 \lor x = 1{,}71$

Aus $f'(x) = \frac{1}{x} + 2x - 4 = x^{-1} + 2x - 4$ ergibt sich für $f''(x)$:

$f''(x) = -x^{-2} + 2$

Bei den Nullstellen der ersten Ableitung ergeben sich nun folgende Werte für die zweite Ableitung:

$f''(0{,}29) = -9{,}89 < 0 \Rightarrow$ Hochpunkt

$f''(1{,}71) = 1{,}66 > 0 \Rightarrow$ Tiefpunkt

Gefragt war nach dem Maximum und Minimum der Funktion in dem gegebenen Intervall. Um diese feststellen zu können, müssen die Funktionswerte des Hoch- und Tiefpunktes mit den Randwerten verglichen werden:

$f(0{,}1) = 0{,}31$

$f(0{,}29) = 0{,}69$

$f(1{,}71) = \mathbf{-0{,}38}$

$f(3) = \mathbf{1{,}1}$

Das globale Minimum liegt also bei dem Tiefpunkt bei x=1,71 und das globale Maximum am Rand bei x=3. Die Lösung lautet somit:

$\text{Max}\,[f(x)] = f(3) = 1{,}1$

$\text{Min}\,[f(x)] = f(1{,}71) = -0{,}38$

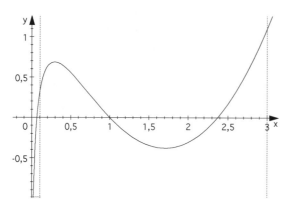

Eine Zeichnung kann auch hier hilfreich sein.

Man sieht deutlich, dass der größte Funktionswert nicht bei dem Hochpunkt, sondern bei dem Randmaximum liegt.

3.3.C a) Hier muss das Maximum von Y(r) bestimmt werden:

$$Y'(r) = -0{,}9r^2 + 36r + 81 = 0$$

$$\Leftrightarrow r^2 - 40r - 90 = 0 \Leftrightarrow (r-20)^2 - 400 - 90 = 0$$

$$\Leftrightarrow r - 20 = \sqrt{490} \Leftrightarrow r = 42{,}14 \;\vee\; r = -2{,}14$$

Beide Werte liegen außerhalb des Definitionsbereiches (0 bis 31). Da die Funktion stetig ist, gibt es nun nur Randextrema.

$$Y(0) = 0 \qquad Y(31) = 10871{,}7$$

Das Maximum des Outputs liegt also bei r = 31.

b) Nun soll das Maximum der ersten Ableitung des Outputs bestimmt werden. Mögliche Extrema der ersten Ableitung liegen bei den Nullstellen der zweiten Ableitung.

$$Y'(r) = -0{,}9r^2 + 36r + 81$$

$$Y''(r) = -1{,}8r + 36 = 0 \Leftrightarrow r = 20$$

$$Y'''(r) = -1{,}8 < 0$$

Da die dritte Ableitung (sie ist die zweite Ableitung der ersten Ableitung) negativ ist, hat die erste Ableitung bei r = 20 ein Maximum.

c) Nun ist die Berechnung für den Durchschnittsertrag durchzuführen:

$$\frac{Y(r)}{r} = -0{,}3r^2 + 18r + 81$$

$(\frac{Y(r)}{r})' = -0.6r + 18 = 0 \Leftrightarrow r = 30$

$(\frac{Y(r)}{r})'' = -0.6 > 0 \Rightarrow$ Maximum bei $r = 30$

d) Die beiden Funktionen müssen gleichgesetzt werden:

$Y(r)' = -0.9r^2 + 36r + 81 = -0.3r^2 + 18r + 81 = \frac{Y(r)}{r}$

$\Leftrightarrow -0.6r^2 + 18r = 0 \Leftrightarrow r = 0 \lor r = 30$

Dieses Ergebnis ist auch einleuchtend: Bei einer Ausbringungsmenge von Null ist eine zusätzliche Grenzeinheit gleichzeitig die gesamte Produktion, so dass Grenzproduktivität und Durchschnittsertrag identisch sind. Bei r = 30 liegt auch das Maximum des Durchschnittsertrages, wie unter c gezeigt wurde. Im Maximum des Durchschnittsertrages müssen aber Grenzproduktivität und Durchschnittsertrag identisch sein. Wäre die Grenzproduktivität höher als der Durchschnittsertrag, so könnte der Durchschnittsertrag durch eine geringere Produktion erhöht werden.

3.3.D Als Randwerte ergeben sich:

$f(-1) = e = 2.718$

$f(2) = 16 * e^{-2} = 2.165$

Für die Ableitung folgt:

$f'(x) = 4x^3 e^{-x} - x^4 e^{-x}$ (Produktregel!)

$= (4x^3 - x^4) * e^{-x}$

Nun wird die Ableitung gleich Null gesetzt:

$(4x^3 - x^4) * e^{-x} = 0$

Ein Produkt kann nur dann Null sein, wenn mindestens einer der beiden Faktoren Null ist:

$4x^3 - x^4 = 0 \lor e^{-x} = 0$ (e^{-x} wird nie Null)

$\Rightarrow 4x^3 - x^4 = 0 \Leftrightarrow (4-x) * x^3 = 0 \Leftrightarrow (4-x) = 0 \lor x^3 = 0$

$\Leftrightarrow x = 4 \lor x = 0$

Da 4 außerhalb des betrachteten Intervalls liegt, ist bei x=0 der einzige mögliche Hoch- oder Tiefpunkt im betrachteten Intervall.

Für die zweite Ableitung ergibt sich:

$$f''(x) = (12x^2 - 4x^3)*e^{-x} - (4x^3 - x^4)*e^{-x} \quad \text{(Produktregel)}$$

Setzt man nun für x Null ein, so ergibt sich:

$$f''(0) = 0$$

Damit lässt sich noch keine eindeutige Aussage treffen. Man müsste nun weiter ableiten, bis eine Ableitung, für Null eingesetzt, nicht 0 ergibt. Ist diese Ableitung eine ungerade Ableitung (f''', f''''' etc.), so handelt es sich um einen Sattelpunkt, ist es eine gerade Ableitung (f'''', f'''''' etc.), so handelt es sich um einen Extremwert.

Man kann bei dieser Aufgabe aber auch gleich anders vorgehen und die erste Ableitung auf Vorzeichenwechsel bei ihrer Nullstelle überprüfen. Ändert sich das Vorzeichen der ersten Ableitung in der Nullstelle der ersten Ableitung nicht, so handelt es sich um keinen Extremwert, denn dann fällt oder steigt die Funktion auf beiden Seiten, so dass es sich um einen Sattelpunkt handelt. Ist die Steigung links größer als Null und rechts kleiner als Null, so handelt es sich um einen Hochpunkt, denn hierbei steigt die Funktion ja auf der linken Seite und fällt dann wieder auf der rechten Seite.

Da es in diesem Fall nur eine Nullstelle der ersten Ableitung im betrachteten Intervall gibt und die Funktion überall stetig ist, können für die Überprüfung auf Vorzeichenwechsel beliebige Werte aus dem Intervall betrachtet werden. Am besten nimmt man sich möglichst einfache Werte, also hier z.B. 1 und -1:

$$f'(1) = (4 - 1)*e^{-1} > 0$$
$$f'(-1) = (-4 - 1)*e < 0$$

Die Funktion fällt also auf der linken Seite und steigt auf der rechten Seite. Somit handelt es sich um einen Tiefpunkt. Insgesamt ergibt sich somit:

$f(-1) = e = 2{,}718$ globales (Rand-) Maximum
$f(2) = 16*e^{-2} = 2{,}165$
$f(0) = 0$ globales Minimum

In der nebenstehenden Grafik ist die Funktion dargestellt worden.

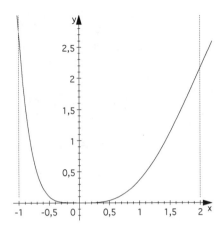

3.3.E Zur Überprüfung auf Extremstellen muss die Integralfunktion abgeleitet werden. Als Ableitung ergibt sich aber gerade der Ausdruck, der im Integral steht:

$$\int_0^x f(t)dt = F(x) - F(0)$$
$$(F(x) - F(0))' = f(x)$$

Diese Ableitung wird nun gleich Null gesetzt:

$$\frac{x^3 + 2x}{x^2 + 1} = 0$$

Der Nenner wird nie Null, daher wird der Ausdruck genau dann Null, wenn der Zähler Null wird:

$$x^3 + 2x = 0 \Leftrightarrow x(x^2 + 2) = 0 \Leftrightarrow x = 0 \lor x^2 = -2$$

Da die Wurzel einer negativen Zahl in $\mathbb{R}$ nicht definiert ist, liegt die einzige Lösung bei $x = 0$. Da die Integralfunktion stetig ist, kann sie höchstens eine einzige Extremstelle haben, nämlich bei $x = 0$.

b) Am einfachsten lässt sich diese Aufgabe durch Überprüfung der ersten Ableitung auf Vorzeichenwechsel lösen. Nachfolgend werden -1 und 1 eingesetzt:

$$\frac{(-1)^3 + 2*(-1)}{(-1)^2 + 1} = -\frac{3}{2} < 0$$

$$\frac{1^3 + 2*1}{1^2 + 1} = \frac{3}{2} > 0$$

Das Vorzeichen der ersten Ableitung wechselt also von − nach +. Die Funktion fällt zunächst und steigt dann wieder. Somit handelt es sich tatsächlich um einen Extremwert, und zwar um einen Tiefpunkt.

3.3.F **a)** Wie in der Aufgabenstellung bereits angegeben, ergibt sich die Produzentenrente folgendermaßen:

$$PR(z) = \int_0^z (p(x) - K'(x)) \, dx$$

Es muss also zunächst das entsprechende Integral berechnet werden:

$$PR(z) = \int_0^z (-4x^2 + 500.000 - (-200x + 500.000)) \, dx$$

$$= \int_0^z (-4x^2 + 200x) \, dx = [-\tfrac{4}{3} x^3 + 100x^2]_0^z$$

$$= -\tfrac{4}{3} z^3 + 100z^2 - (-\tfrac{4}{3} 0^3 + 100 * 0^2) = -\tfrac{4}{3} z^3 + 100z^2$$

b) Es soll das Maximum der Produzentenrente, also der folgenden Funktion, bestimmt werden:

$$PR(z) = -\tfrac{4}{3} z^3 + 100z^2$$

Für die Ableitung ergibt sich:

$$PR'(z) = -4z^2 + 200z$$

(Diese Ableitung entspricht der Funktion, die ursprünglich in dem Integral stand.) Jetzt wird die Ableitung gleich Null gestzt:

$$-4z^2 + 200z = 0 \Leftrightarrow (-4z + 200) * z = 0$$

$$\Leftrightarrow -4z + 200 = 0 \ \lor \ z = 0$$

$$\Leftrightarrow -4z = -200 \ \lor \ z = 0$$

$$\Leftrightarrow z = 50 \ \lor \ z = 0$$

Die zweite Ableitung der Funktion lautet:

$$PR''(z) = -8z + 200$$

Für die beiden Nullstellen der ersten Ableitung ergibt sich somit:

$$PR''(0) = -8 * 0 + 200 = 200 > 0$$
$$PR''(50) = -8 * 50 + 200 = -200 < 0$$

Ein Hochpunkt liegt somit bei z = 50. Die maximale Produzentenrente ergibt sich also bei einer Produktionsmenge von 50 Einheiten. Für die zugehörige Produzentenrente ergibt sich:

$$PR(50) = -\tfrac{4}{3} 50^3 + 100*50^2 = 83.333$$

3.3.G Die Randwerte lauten:

f(0)= 1

f(1)= e+1 = 3,72

Nach den elementaren Ableitungsregeln ergibt sich:

$$f'(x) = e^x + 2x$$

Ein Extremum kann vorliegen, wenn die erste Ableitung (also die Steigung der Funktion) gerade gleich Null ist:

$$e^x + 2x = 0$$

Diese Gleichung lässt sich unglücklicherweise nicht nach x auflösen. Eine Lösung lässt sich nur numerisch finden, aber in diesem Fall ist dies nicht nötig, denn in dem Intervall $[0; 1]$ wird $e^x + 2x$ nie negativ oder Null, es gilt

$e^x > 0$ und im Intervall $[0; 1]$ $2x \geq 0$,

also gilt im Intervall $[0; 1]$ $f'(x) = e^x + 2x > 0$

Die Funktion ist somit in diesem Intervall streng monoton steigend und besitzt keinen Hoch- oder Tiefpunkt in dem Intervall.

Also hat die Funktion nur Randextrema:

f(0)= 1   globales Randminimum

f(1)= 3,72 globales Randmaximum

Hilfreich kann es in diesem Fall auch sein, die Funktion zu zeichnen:

In der Zeichnung kann man sehr deutlich erkennen, dass die Funktion im Intervall $[0, 1]$ nur die beiden Randextrema bei 0 und 1 besitzt.

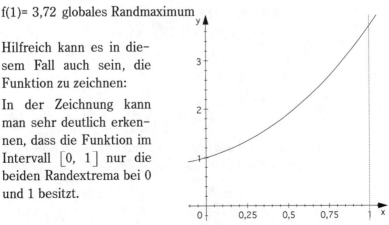

3.3.H Randwerte:

$f(-4) = 2e^{-8} + 16 = 16$

$f(4) = 2e^8 - 16 = 5945{,}92$

Hoch- und Tiefpunkte:

$f'(x) = 4e^{2x} - 4 = 0 \Leftrightarrow 4e^{2x} = 4 \Leftrightarrow e^{2x} = 1 \mid \ln$

$\Leftrightarrow \ln(e^{2x}) = \ln 1 \Leftrightarrow 2x = 0 \Leftrightarrow x = 0$

$f''(x) = 8e^{2x} \Rightarrow f''(0) = 8e^0 = 8 > 0 \Rightarrow$ Tiefpunkt bei $x=0$

Somit ergibt sich insgesamt:

$f(-4) = 16$

$f(0) = 2e^0 - 0 = 2$ globales Minimum

$f(4) = 5945{,}92$ globales Randmaximum

3.3.I

Vor dem Ableiten kann man zunächst umformen:

$f(x) = x^2 \ln(x^2) - 2x^2 = 2x^2 \ln|x| - 2x^2$

Für die Ableitungen der Funktion ergibt sich:

$f'(x) = 4x \ln|x| + 2x^2 * \frac{1}{x} - 4x = 4x \ln|x| + 2x - 4x$

$= 4x \ln|x| - 2x$

$f''(x) = 4 \ln|x| + 4x * \frac{1}{x} - 2 = 4 \ln|x| + 2$

$f'''(x) = \frac{4}{x}$

Mögliche Extrema liegen bei den Nullstellen der ersten Ableitung:

$f'(x) = 4x \ln|x| - 2x = 0$

$\Leftrightarrow 2x(2\ln|x| - 1) = 0$

$\Leftrightarrow x = 0 \;\lor\; 2\ln|x| - 1 = 0 \mid +1$

$\Leftrightarrow 2\ln|x| = 1 \mid /2$

$\Leftrightarrow \ln|x| = 0{,}5 \mid e^{\text{hoch}}$

$\Leftrightarrow |x| = e^{0{,}5}$

$\Leftrightarrow x = e^{0{,}5} \;\lor\; x = -e^{0{,}5}$ (in beiden Fällen ist $|x| = e^{0{,}5}$)

Bei $x=0$ ist die Funktion nicht definiert. Somit liegen die einzigen Nullstellen der ersten Ableitung bei $x = e^{0{,}5}$ und $x = -e^{0{,}5}$.

$f''(e^{0{,}5}) = 4 \ln|e^{0{,}5}| + 2 = 4 * 0{,}5 * \ln(e) + 2 = 4 > 0$

$f''(-e^{0,5}) = 4 \ln|-e^{0,5}| + 2 = 4 * 0,5 + 2 = 4 > 0$

Da die zweite Ableitung an der Stelle $x = e^{0,5}$ und $x = -e^{0,5}$ positiv ist, liegt an beiden Stellen ein lokales Minimum vor. Für den Funktionswert an diesen Stellen ergibt sich:

$f(e^{0,5}) = (e^{0,5})^2 \ln((e^{0,5})^2) - 2(e^{0,5})^2$

$= (e^{0,5*2}) \ln((e^{0,5*2})) - 2(e^{0,5*2})$

$= e * \ln(e) - 2e = e * 1 - 2e = -e$

Auf dieselbe Weise ergibt sich:

$f(-e^{0,5}) = -e$

Die Funktion ist bei $x = 0$ unstetig. Im negativen bzw. positiven Bereich der x-Achse hat sie jeweils ihr globales Minimum bei $(e^{0,5}, -e)$ bzw. $(-e^{0,5}, -e)$.

Zur Veranschaulichung ist die Funktion nebenstehend grafisch dargestellt:

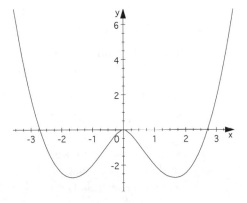

Anmerkung: Da bei der Funktion x nur in geraden Potenzen (in diesem Fall in zweiter Potenz) eingeht, ist die Funktion achsensymmetrisch zur y-Achse. Es hätte also gereicht, die Extremwerte für $x \in \mathbb{R}_+$ zu berechnen und sich dann aufgrund der Achsensymmetrie die entsprechenden Punkte im negativen x-Bereich zu überlegen.

3.3.J

a) Für die Ableitung der Funktion ergibt sich:

$$G'(x) = 3x^2 - 12x + 9$$

Setzt man die Ableitung gleich Null, ergibt sich:

$$3x^2 - 12x + 9 = 0 \mid / 3$$
$$\Leftrightarrow x^2 - 4x + 3 = 0$$
$$\Leftrightarrow x = 2 \pm \sqrt{4-3}$$
$$\Leftrightarrow x = 2 \pm 1$$
$$\Leftrightarrow x = 3 \ \lor \ x = 1$$

Für die zweite Ableitung der Funktion ergibt sich:

$$G''(x) = 6x - 12$$

Für die beiden Nullstellen der ersten Ableitung ergibt sich:

$$G''(3) = 6*3 - 12 = 6 > 0$$
$$G''(1) = 6*1 - 12 = -6 < 0$$

Bei $x = 1$ ergibt sich somit ein Hochpunkt, für den Funktionswert dieses Hochpunktes ergibt sich:

$$G(1) = 1^3 - 6*1^2 + 9*1 = 4$$

Das relative Maximum der Funktion ist also der Punkt (1|4).

b) Dem Unternehmen würde man natürlich das globale Maximum empfehlen. Das relative Maximum (1|4) muss also noch mit den Randwerten verglichen werden. Es ergibt sich:

$$G(0) = 0^3 - 6*0^2 + 9*0 = 0$$
$$G(1) = 4$$
$$G(5) = 5^3 - 6*5^2 + 9*5 = 20$$

Das globale Maximum liegt somit bei $x = 5$. Dem Unternehmen würde man also einen Faktoreinsatz von 5 Mengeneinheiten empfehlen. Der zugehörige Gewinn beträgt 20 Geldeinheiten.

Nachfolgend ist eine Zeichnung der Funktion angeführt.

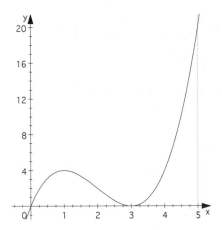

c) Die Funktion $G^*(x)$ ist eine monotone Transformation der Funktion $G(x)$. Die Exponentialfunktion erreicht ihren höchsten Wert dort, wo ihr Argument am größten ist. Also hat auch $G^*(x)$ das globale Maximum bei $x = 5$. Für den Funktionswert an dieser Stelle gilt:

$$G^*(5) = e^{G(5)}$$
$$= e^{20}$$

Nachfolgend ist die Funktion in einer Grafik dargestellt, hierbei wurde eine logarithmische Darstellung gewählt, ansonsten wäre die Funktion in der Zeichnung kaum darstellbar.

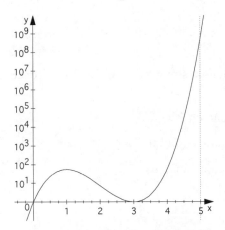

3.3.K

a) $f(x) = x^2 e^{-\frac{x}{2}} = 0$

$\Leftrightarrow x^2 = 0 \Leftrightarrow x = 0$

Die einzige Nullstelle der Funktion liegt also bei $x = 0$.

b) $f'(x) = 2xe^{-\frac{x}{2}} - \frac{1}{2}x^2 e^{-\frac{x}{2}}$

$= x\, e^{-\frac{x}{2}}(2 - \frac{1}{2}x)$

$f'(x) = 0$

$\Leftrightarrow x\, e^{-\frac{x}{2}}(2 - \frac{1}{2}x) = 0$

$\Leftrightarrow x = 0 \;\lor\; 2 - \frac{1}{2}x = 0$

$\Leftrightarrow x = 0 \;\lor\; x = 4$

Überprüfung der ersten Ableitung auf Vorzeichenwechsel (alternativ kann auch die zweite Ableitung bestimmt werden):

$f'(-1) = -1e^{1/2}(2 + \frac{1}{2}) = -\frac{5}{2}e^{1/2} < 0$

$f'(1) = 1e^{-1/2}(2 - \frac{1}{2}) = \frac{3}{2}e^{-1/2} > 0$

$f'(5) = 5e^{-5/2}(2 - \frac{1}{2}*5) = -\frac{5}{2}e^{-5/2} < 0$

Somit hat die Funktion einen Hochpunkt bei $x = 4$ und einen Tiefpunkt bei $x = 0$.

$f(4) = 16e^{-2}$

$f(0) = 0$

c) Die Funktion ist stetig, es ergeben sich folgende Monotoniebereiche:

$]-\infty, 0]$ monoton fallend

$[0, 4]$ monoton steigend

$[4, \infty]$ monoton fallend

Als Ergänzung ist nachfolgend eine Zeichnung der Funktion angeführt:

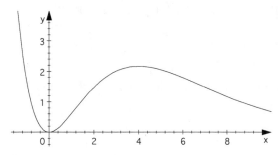

d) $\lim\limits_{x \to \infty} x^2 e^{-x/2} = \lim\limits_{x \to \infty} \dfrac{x^2}{e^{x/2}}$

$= \lim\limits_{x \to \infty} \dfrac{2x}{\frac{1}{2}e^{x/2}}$

$= \lim\limits_{x \to \infty} \dfrac{2}{\frac{1}{4}e^{x/2}} = 0$ (es wurde zweimal l´Hospital angewendet)

$\lim\limits_{x \to -\infty} x^2 e^{-x/2}$

Sowohl x^2 als auch $e^{-x/2}$ gehen für x gegen $-\infty$ gegen $+\infty$. Daher geht auch der ganze Ausdruck gegen $+\infty$, es existiert kein reeller Grenzwert.

4 Integralrechnung

4.A Berechnen Sie das Integral $\int_1^3 (x^{-1} + \ln(x) + e^{3x})\, dx$.

4.B Berechnen Sie $\int_1^2 (x^3 - 2 + \frac{1}{x^2} - \frac{1}{x} + e^{-2x})\, dx$.

4.C Berechnen Sie das folgende Integral mit der Substitutionsregel:
$$\int_1^2 \frac{12x^3}{3x^4 - 2}\, dx.$$

4.D Gegeben sei die Funktion $F: \mathbb{R} \to \mathbb{R}$; $x \to F(x) = \int_a^x e^{2z+1}\, dz$

a) Lösen Sie das Integral und bestimmen Sie $a \in \mathbb{R}$ so, dass $F(2) = 4$ gilt.
b) Berechnen Sie $F'(2)$.

4.E Geben Sie eine Stammfunktion an und berechnen Sie:
$$\int_1^2 (\frac{1}{x} - \frac{1}{x^3} + \sqrt[3]{x} - 3^x + \ln x)\, dx.$$

4.F Gegeben ist die Funktion $f: \mathbb{R}^+ \to \mathbb{R}$ mit $f(x) = \frac{\ln(x)}{x}$

a) Bestimmen Sie $f'(x)$!
b) Bestimmen Sie $F(x) = \int f(x)\, dx$!

4.G Gegeben ist die Funktion $f: x \to x * \sqrt{1 + x^2}$

a) Bestimmen Sie $f'(x)$.
b) Bestimmen Sie $F(x) = \int f(x)\, dx$.

4.H Berechnen Sie das Integral
$$\int_2^3 (\cos(x) - \frac{1}{x} + \frac{1}{\sqrt[3]{x^5}} - e^{-x})\, dx.$$

4.I Berechnen Sie das Integral
$$\int_1^2 (\sin(x) + e^{2x} - x^{-3} + \frac{1}{x})\, dx.$$

4.J Bestimmen Sie $\lim\limits_{b \to \infty} \int_1^b \frac{x-2}{x^3}\, dx$.

4.K Berechnen Sie das folgende Integral:

$$\int_{-4}^{4} (ax^3 - bx)\,dx$$

4.L Berechnen Sie mittels partieller Integration

$$\int_{1}^{2} x^7 \ln x\, dx$$

4.M Gegeben sei die Funktion $f: \mathbb{R} \supset D \to \mathbb{R};\ x \to f(x) = e^{(x+\frac{1}{x})}$
a) Geben Sie die maximale Definitionsmenge D an.
b) Bestimmen Sie $f'(x)$.
c) Berechnen Sie $\int_{1}^{2} f'(x)\, dx$

4.N Bestimmen Sie folgendes Integral:

$$\int_{0}^{\Pi} x^2 * \sin(x)\, dx$$

4.O Bestimmen Sie folgendes Integral:

$$\int_{-\infty}^{-3} \frac{1}{(x+2)^2}\, dx$$

4.P Gegeben seien die Funktionen $f: \mathbb{R} \to \mathbb{R}$ und $g: \mathbb{R} \to \mathbb{R}$ mit

$$f(x) = x^2 \text{ und } g(x) = \sqrt{8x}$$

Bestimmen Sie die Fläche, die von den Graphen der beiden Funktionen auf dem Intervall [0; 2] eingeschlossen wird.

4.Q Der Preis eines Produktes auf einem Markt beträgt $p^* = 30$. Die Nachfragefunktion lautet:

$$x^N(p) = 0{,}005(100 - p)^2$$

Bestimmen Sie die Konsumentenrente für diesen Fall.
Für die Konsumentenrente gilt:

$$KR = \int_{p^*}^{p_{max}} x^N(p)\, dp$$

Hierbei ist p_{max} der Prohibitivpreis ist, also der Preis, bei dem die Nachfrage auf Null sinkt.

4.R Gegeben sei die Grenzkostenfunktion

$$K'(x) = \frac{2x}{\sqrt[3]{25+3x^2}}$$

a) Bestimmen Sie alle zugehörigen Kostenfunktionen.

b) Für welche spezielle dieser Kostenfunktionen gilt $K(5) = 20$ und wie groß ist in diesem Fall der Fixkostenanteil? (Rechnung!)

4.S Bestimmen Sie $a \in \mathbb{R}$ so, dass gilt

$$\int_1^2 \frac{a}{x} e^{a*\ln(x)} \, dx = 3$$

4.T Zeigen Sie mit Hilfe der partiellen Integration, dass die Funktion

$$G(p) = \int_0^\infty x^{p-2} * e^{-x} \, dx$$

die Eigenschaft $G(p+1) = (p-1)*G(p)$ besitzt.

Lösungsvorschläge zu 4:

4.A $\int_1^3 (x^{-1} + \ln(x) + e^{3x}) \, dx = \left[\ln x + (x*\ln x - x) + \frac{1}{3} e^{3x} \right]_1^3$

Nun müssen die Integrationsgrenzen in die Stammfunktion eingesetzt werden, wobei zunächst die obere Grenze eingesetzt wird und dann die Werte mit der unteren Grenze eingesetzt und abgezogen werden.

$= \ln 3 + 3*\ln 3 - 3 + \frac{1}{3} e^{3*3} - (\ln 1 + 1*\ln 1 - 1 + \frac{1}{3} e^{3*1})$

$= 4*\ln 3 - 3 + 2701{,}03 - 0 - 0 + 1 - 6{,}7 = 2696{,}72$

4.B $\int_1^2 (x^3 - 2 + \frac{1}{x^2} - \frac{1}{x} + e^{-2x}) \, dx.$

$= \left[\frac{1}{4} x^4 - 2x - x^{-1} - \ln x - \frac{1}{2} e^{-2x} \right]_1^2 = -1{,}2 - (-2{,}82) = 1{,}62$

4.C Der Zähler stellt die Ableitung des Nenners dar. Somit wird am besten der Nenner substituiert:

$y = 3x^4 - 2$

Wenn die Variable x durch die Variable y substituiert wird, muss auch das dx durch ein dy ersetzt werden. Hierzu wird eine Beziehung zwischen dx und dy benötigt. Diese erhält man, indem die Ersetzungsvorschrift nach x abgeleitet wird:

$$f(x) = y = 3x^4 - 2 \Rightarrow f'(x) = \frac{dy}{dx} = 12x^3$$

dx kann nun durch dy ausgedrückt werden:

$$\frac{dy}{dx} = 12x^3 \Leftrightarrow dx = \frac{dy}{12x^3}$$

Jetzt kann der Nenner durch y und dx durch $\frac{dy}{12x^3}$ ersetzt werden:

$$\frac{12x^3}{y} * \frac{dy}{12x^3} = \frac{1}{y} dy$$

Die verbliebenen x haben sich herausgekürzt. (Dies liegt daran, dass y so gewählt wurde, dass die Ableitung von y nach x dem Zähler entsprach.) Für das unbestimmte Integral gilt entsprechend der vorherigen Betrachtung:

$$\int \frac{12x^3}{3x^4-2} dx = \int \frac{1}{y} dy = \ln|y|$$

Das c wurde hier weggelassen, weil am Ende ein bestimmtes Integral berechnet werden soll. Nun muss die Substitution wieder rückgängig gemacht werden (stattdessen hätte man auch die Grenzen substituieren können):

$$\ln|y| = \ln|3x^4-2|$$

Als Letztes wird das gesuchte bestimmte Integral berechnet, hierzu werden die Grenzen in die gefundene Stammfunktion eingesetzt:

$$\int_1^2 \frac{12x^3}{3x^4-2} dx = [\ln|3x^4-2|]_1^2 = \ln(46) - \ln(1) = 3{,}829$$

4.D a) $F(x) = \int_a^x e^{2z+1} dz = \left[\frac{1}{2} * e^{2z+1} \right]_a^x$

$= \frac{1}{2} * e^{2x+1} - \frac{1}{2} * e^{2a+1}$

Nun soll a so bestimmt werden, dass F(2)=4 ist, also muss sich, wenn oben für x 2 eingesetzt wird, als Ergebnis 4 ergeben:

$$4 = \frac{1}{2} * e^{2*2+1} - \frac{1}{2} * e^{2a+1}$$

diese Gleichung muss nun nach a aufgelöst werden

$\Leftrightarrow 4 - \frac{1}{2} * e^5 = -\frac{1}{2} * e^{2a+1} \Leftrightarrow -8 + e^5 = e^{2a+1} \mid \ln$

$\Leftrightarrow \ln(e^5 - 8) = 2a+1 \Leftrightarrow \frac{\ln(e^5 - 8) - 1}{2} = a \Leftrightarrow a = 1{,}97$

b) Zunächst muss F' bestimmt werden. Beim Ableiten von F(x) fällt der hintere Term weg, da er nicht von x abhängig ist. Es bleibt übrig:

$$F'(x) = e^{2x+1} \Rightarrow F'(2) = e^{2*2+1} = 148{,}41$$

4.E $\int_1^2 (\frac{1}{x} - \frac{1}{x^3} + \sqrt[3]{x} - 3^x + \ln(x))\, dx$ ist zu integrieren.

Die Stammfunktion wird beim Integrieren ja sowieso ermittelt. Eine Schwierigkeit, die bei den vorherigen Aufgaben noch nicht auftauchte, ist die Integration von 3^x. Durch Einfügen der Exponential- und der Logarithmusfunktion lässt sich diese Aufgabe aber relativ leicht lösen.

$$3^x = e^{\ln(3^x)}$$

(Da sich Funktion (e^x) und Umkehrfunktion (lnx) gegenseitig aufheben, ist dies gestattet)

$$= e^{x * \ln 3}$$

Dies ergibt sich aus den Rechenregeln für Logarithmen.

Insgesamt ergibt sich für das Integral:

$$\int_1^2 (\frac{1}{x} - \frac{1}{x^3} + \sqrt[3]{x} - 3^x + \ln x)\, dx$$

$$= \int_1^2 (\frac{1}{x} - x^{-3} + x^{\frac{1}{3}} - e^{x * \ln 3} + \ln x)\, dx$$

$$= \left[\ln x + \frac{1}{2} x^{-2} + \frac{3}{4} x^{\frac{4}{3}} - \frac{1}{\ln 3} e^{\ln 3 * x} + x \ln x - x\right]_1^2$$

$$= -6{,}09 - (-2{,}48) = -3{,}61$$

Die Stammfunktion lautet:

$\ln x + \frac{1}{2} x^{-2} + \frac{3}{4} x^{\frac{4}{3}} - \frac{1}{\ln 3} e^{\ln 3 * x} + x \ln x - x + c$ mit $c \in \mathbb{R}$

4.F Gegeben ist die Funktion f: $\mathbb{R}^+ \to \mathbb{R}$ mit $f(x) = \dfrac{\ln(x)}{x}$

a) $f(x) = \ln(x) * x^{-1}$

Produktregel: $f'(x) = x^{-1} * x^{-1} - \ln(x) * x^{-2}$

$\qquad\qquad\qquad = (1 - \ln(x)) * x^{-2}$

b) $F(x) = \int f(x)\, dx$ ist die Stammfunktion von f(x)

Man kann die Stammfunktion hier entweder erraten oder mittels Substitution oder partieller Integration ermitteln. Nachfolgend wird die Aufgabe mittels Substitution gelöst:

$$F(x) = \int \dfrac{\ln(x)}{x}\, dx$$

$\ln(x) = y$ (Substitution)

Nun wird x ermittelt (es wird also die Umkehrfunktion gebildet). Durch diese Auflösung kann x in dem Integral ersetzt werden. Bei dieser Aufgabe wäre dieser Schritt aber nicht nötig, denn das x würde sich beim Ersetzen herauskürzen. Daher hätte diese Aufgabe auch so gelöst werden können wie die anderen Aufgaben zur Substitution in dieser Aufgabensammlung. Allerdings gibt es auch Substitutionsaufgaben, bei denen nach der Variablen (x) aufgelöst werden muss, weil sie sich nicht herauskürzt. Daher wird hier das entsprechende Verfahren beschrieben:

$\qquad \ln(x) = y \mid e^\wedge \Leftrightarrow x = e^y$

weiter gilt:

$$\dfrac{dx}{dy} = e^y \Leftrightarrow dx = e^y * dy$$

Nun werden die Ausdrücke in dem Integral ersetzt:

$F(y) = \int \dfrac{y}{e^y} e^y * dy = \int y\, dy = 0{,}5 y^2 + c$

$\qquad\qquad$ (wobei c eine beliebige Konstante ist)

Bei dem Ergebnis muss nun wieder y durch x ersetzt werden:

$\qquad F(x) = 0{,}5 (\ln(x))^2 + c$

4.G a) $f(x) = x * (1 + x^2)^{0,5}$

$\qquad f'(x) = (1 + x^2)^{0,5} + x * 2x * 0.5 * (1 + x^2)^{-0,5}$

$\qquad = \dfrac{(1 + x^2)}{\sqrt{1 + x^2}} + \dfrac{x^2}{\sqrt{1 + x^2}} = \dfrac{1 + 2x^2}{\sqrt{1 + x^2}}$

b) $F(x) = \int x * \sqrt{1+x^2} \, dx$.

Die Aufgabe wird mittels Substitution gelöst:

$y = 1 + x^2$

$\dfrac{dy}{dx} = 2x \Leftrightarrow \dfrac{1}{2x} dy = dx$

Somit ergibt sich:

$x * \sqrt{1+x^2} \, dx = x * \sqrt{y} * \dfrac{1}{2x} dy = \dfrac{1}{2} \sqrt{y} \, dy$

Alle x haben sich herausgekürzt, daher kann jetzt das Integral gelöst werden:

$\int x * \sqrt{1+x^2} \, dx = \int \dfrac{1}{2} \sqrt{y} \, dy = \int \dfrac{1}{2} y^{1/2} \, dy$

$= \dfrac{1}{2} \dfrac{2}{3} y^{3/2} + c = \dfrac{1}{3} y^{3/2} + c$

Bei dem Ergebnis muss nun wieder y durch x ersetzt werden:

$= \dfrac{1}{3} (1 + x^2)^{3/2} + c = \dfrac{1}{3} (\sqrt{1+x^2})^3 + c$

4.H $\int_{2}^{3} (\cos(x) - \dfrac{1}{x} + \dfrac{1}{\sqrt[3]{x^5}} - e^{-x}) \, dx$

$= \int_{2}^{3} (\cos(x) - \dfrac{1}{x} + x^{-\frac{5}{3}} - e^{-x}) \, dx$

$= \left[\sin(x) - \ln(x) - \dfrac{3}{2} x^{-\frac{2}{3}} + e^{-x} \right]_{2}^{3}$

$= \sin 3 - \ln 3 - \dfrac{3}{2} 3^{-\frac{2}{3}} + e^{-3} - (\sin 2 - \ln 2 - \dfrac{3}{2} 2^{-\frac{2}{3}} + e^{-2})$

$= 0.141 - 1.099 - 0.721 + 0.05 - 0.909 + 0.693 + 0.945 - 0.135$

$= -1.035$

4.I $\int_{1}^{2} (\sin(x) + e^{2x} - x^{-3} + \dfrac{1}{x}) \, dx$

$= \left[-\cos(x) + 0.5 e^{2x} + \dfrac{1}{2} x^{-2} + \ln(x) \right]_{1}^{2}$

$= -\cos 2 + 0.5 e^{2*2} + \dfrac{1}{2} 2^{-2} + \ln 2 - (-\cos 1 + 0.5 e^{2*1} + \dfrac{1}{2} 1^{-2} + \ln 1)$

$= 0.416 + 27.299 + 0.125 + 0.693 + 0.54 - 3.695 - 0.5 - 0 = 24.88$

4.J Zunächst muss das Integral gelöst werden. Aus dem Bruch lassen sich zwei einzelne Brüche machen:

$$\lim_{b\to\infty} \int_1^b \frac{x-2}{x^3} \, dx = \lim_{b\to\infty} \int_1^b \frac{1}{x^2} - \frac{2}{x^3} \, dx$$

$$= \lim_{b\to\infty} \left[-x^{-1} + x^{-2}\right]_1^b = \lim_{b\to\infty} (-b^{-1} + b^{-2} - (-1+1)) = 0$$

4.K $\int_{-4}^{4}(ax^3 - bx)\,dx = \left[\frac{1}{4}ax^4 - \frac{1}{2}bx^2\right]_{-4}^{4}$

$= \frac{1}{4}a*4^4 - \frac{1}{2}b*4^2 - (\frac{1}{4}a*(-4)^4 - \frac{1}{2}b*(-4)^2 = 0$

Anmerkung: Da die Funktion nur ungeradzahlige x-Potenzen enthält, handelt es sich um eine zum Ursprung punktsymmetrische Funktion. Werden derartige Funktionen über ein Intervall integriert, dessen Mitte der Ursprung ist, so ergibt sich immer ein Ergebnis von Null.

4.L Für die partielle Integration gilt folgende Regel:

$\int g(x)*f'(x) = \int (g(x)*f(x))' - \int g'(x)*f(x)$

In diesem Fall wird $x^7 = f'$ und $\ln x = g$ gewählt. Somit ergibt sich:

$f = \frac{1}{8}x^8 \qquad g' = \frac{1}{x}$

Es folgt: $\int x^7 \ln x \, dx = \frac{1}{8}x^8 * \ln x - \int \frac{1}{8}x^8 \frac{1}{x} \, dx$

$= \frac{1}{8}x^8 * \ln x - \int \frac{1}{8}x^7 \, dx$

$= \frac{1}{8}x^8 * \ln x - \frac{1}{8}\frac{1}{8}x^8$

Die Grenzen können nun in die Stammfunktion eingesetzt werden:

$\int_1^2 x^7 \ln x \, dx = \left[\frac{1}{8}x^8 * \ln x - \frac{1}{64}x^8\right]_1^2 = 32\ln 2 - 2 - (-\frac{1}{64}) = 18{,}2$

4.M a) Die Definitionsmenge gibt an, welche Werte für x eingesetzt werden dürfen. Bei der vorliegenden Funktion sind für x alle Werte aus ℝ außer 0 erlaubt. Bei x=0 würde im Exponenten durch Null geteilt werden, was aber nicht erlaubt ist. Also ergibt sich: $D = \mathbb{R} \setminus 0$

b) Die Ableitung lässt sich mittels der Kettenregel relativ einfach

bestimmen, es ergibt sich:
$$f'(x) = (1-x^{-2}) * e^{(x+\frac{1}{x})}$$

c) $\int_1^2 f'(x)\, dx = \left[e^{x+\frac{1}{x}}\right]_1^2 = e^{2+0.5} - e^{1+1} = 4{,}79$

Die Integration ist hierbei recht einfach, denn die Stammfunktion von f'(x) ist ja gerade f(x).

4.N Das Integral muss mit partieller Integration gelöst werden. Nachfolgend wird zunächst die Stammfunktion bestimmt, das heißt, es wird das Integral ohne Grenzen berechnet. Die Grenzen werden dann in die Stammfunktion eingesetzt. Für die partielle Integration gilt folgende Formel:
$$\int f'g = fg - \int fg'$$

In diesem Fall ist es sinnvoll, den Term x^2 mit g(x) zu identifizieren. In dem rechten Integral steht dann die Ableitung von g(x). Wenn man diesen Schritt dann nochmal wiederholt, ergibt sich ein Integral, das man lösen kann:

$\int \underset{g(x)}{x^2} * \underset{f'(x)}{\sin(x)}\, dx$

$\Rightarrow g'(x) = 2x \quad f(x) = -\cos(x)$

Somit ergibt sich mittels der angeführten Regel:

$\int x^2 * \sin(x)\, dx = -\cos(x) * x^2 - \int -\cos(x) * 2x\, dx$

Nun wird dieselbe Regel nochmal angewendet:

$-\cos(x) * x^2 - \int \underset{f'(x)}{-\cos(x)} * \underset{g(x)}{2x}\, dx \Rightarrow g'(x) = 2 \quad f(x) = -\sin(x)$

Somit ergibt sich:

$= -\cos(x) * x^2 - (-\sin(x)*2x - \int -\sin(x)*2\, dx\,)$

$= -\cos(x) * x^2 - (-\sin(x)*2x - 2\cos(x)\,)$

$= -\cos(x) * x^2 + \sin(x)*2x + 2\cos(x)$

Nun müssen noch die Grenzen in die gefundene Stammfunktion eingesetzt werden:

$\int_0^{\Pi} x^2 * \sin(x)\, dx = \left[-\cos(x) * x^2 + \sin(x)*2x + 2\cos(x)\right]_0^{\Pi}$

$$= -\cos(\Pi)*\Pi^2 + \sin(\Pi)*2\Pi + 2\cos(\Pi)$$
$$- [-\cos(0)*0^2 + \sin(0)*2*0 + 2\cos(0)]$$
$$= -(-1)*\Pi^2 + 0*2\Pi + 2*(-1) - [2*1] = \Pi^2 - 4$$

4.O Es handelt sich um ein uneigentliches Integral, denn die eine Grenze ist unendlich. Man ersetzt hier die untere Grenze durch eine Konstante (nachfolgend a gennant) und berechnet den Grenzwert gegen unendlich:

$$\int_{-\infty}^{-3} \frac{1}{(x+2)^2} dx = \lim_{a \to -\infty} \int_{a}^{-3} \frac{1}{(x+2)^2} dx = \lim_{a \to -\infty} \int_{a}^{-3} (x+2)^{-2} dx$$

$$= \lim_{a \to -\infty} [-(x+2)^{-1}]_{a}^{-3} = \lim_{a \to -\infty} (-(-3+2)^{-1} - (-(a+2)^{-1}))$$

$$= 1 - 0 = 1$$

4.P Die Fläche ergibt sich als die Differenz der beiden Funktionen. Nebenstehend sind die beiden Funktionen dargestellt. Das Integral über g(x) von 0 bis 2 stellt die Fläche zwischen

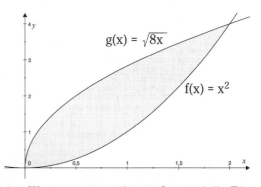

g(x) und der x-Achse dar. Wenn man von diesem Integral die Fläche unterhalb von f(x) abzieht, erhält man die Fläche zwischen den Funktionen:

$$A = \int_{0}^{2} g(x) \, dx - \int_{0}^{2} f(x) \, dx = \int_{0}^{2} g(x) - f(x) \, dx$$

$$\Rightarrow A = \int_{0}^{2} \sqrt{8x} - x^2 \, dx = \int_{0}^{2} (8x)^{\frac{1}{2}} - x^2 \, dx$$

$$= \left[\frac{1}{8} * \frac{2}{3}(8x)^{\frac{3}{2}} - \frac{1}{3}x^3 \right]_{0}^{2}$$

$$= \left[\frac{1}{12}(8x)^{\frac{3}{2}} - \frac{1}{3}x^3 \right]_{0}^{2}$$

$$= \frac{1}{12}(8*2)^{\frac{3}{2}} - \frac{1}{3}2^3 - (\frac{1}{12}(8*0)^{\frac{3}{2}} - \frac{1}{3}0^3)$$

$$= \frac{64}{12} - \frac{8}{3} - 0$$

$$= \frac{16}{3} - \frac{8}{3} = \frac{8}{3}$$

Anmerkung: Voraussetzung für die Bestimmung der Fläche zwischen den Funktionen ist, dass sich die Funktionen, wie bei der Aufgabe, im betrachteten Bereich nicht schneiden. Wenn es innerhalb des Bereichs Schnittpunkte gibt, müssen zur Flächenbestimmung die jeweiligen Abschnitte bis zum nächsten Schnittpunkt einzeln betrachtet werden. Weiterhin sei angemerkt, dass in der Aufgabe zunächst untersucht worden ist, welche Funktion oberhalb der anderen verläuft. Auf diese Betrachtung kann auch verzichtet werden, indem man einfach den Betrag des Ergebnisses bestimmt. Für die Fläche zwischen zwei Funktionen, die sich innerhalb der Grenzen nicht schneiden, gilt somit allgemein:

$$A = \left| \int_a^b f(x) - g(x)\ dx \right|$$

4.Q Zunächst muss die obere Grenze des Integrals, also der Prohibitivpreis p_{max} bestimmt werden:

$$0 = 0{,}005(100 - p_{max})^2 \ | / 0{,}005$$

$$\Leftrightarrow 0 = (100 - p_{max})^2 \ | \sqrt{}$$

$$\Leftrightarrow 0 = 100 - p_{max} \ | + p_{max}$$

$$\Leftrightarrow p_{max} = 100$$

Somit ist folgendes Integral zu bestimmen:

$$KR = \int_{30}^{100} 0{,}005(100 - p)^2\ dp$$

$$= \left[-0{,}005 * \frac{1}{3}(100 - p)^3 \right]_{30}^{100}$$

Da die innere Ableitung (die Ableitung der Klammer) -1 ergibt, wurde ein Minus vor den Ausdruck geschrieben, hierdurch hebt sich das Minus wieder auf. Alternativ hätte das Integral auch mittels Substitution gelöst werden können (y = 100 - p).

$$= -0{,}005 * \frac{1}{3}(100 - 100)^3 - (-0{,}005 * \frac{1}{3}(100 - 30)^3)$$

$$= 0 - (-571\frac{2}{3}) = 571\frac{2}{3}$$

Die Konsumentenrente beträgt also $571\frac{2}{3}$.

Anmerkung: Obwohl die Nachfrage im Prinzip eine Funktion des Preises ist, wird in der BWL/VWL oft die Umkehrfunktion, also p(x) betrachtet. In dem Beispiel sieht die Umkehrfunktion folgendermaßen aus:

$$x = 0{,}005(100 - p)^2 \quad | /0{,}005$$

$$\Leftrightarrow 200x = (100 - p)^2 \quad | \sqrt{}$$

$$\Leftrightarrow \sqrt{200x} = 100 - p \quad | -100$$

$$\Leftrightarrow \sqrt{200x} - 100 = -p \quad | *(-1)$$

$$\Leftrightarrow 100 - \sqrt{200x} = p$$

$$\Leftrightarrow p = 100 - \sqrt{200x}$$

In der nachfolgenden Zeichnung ist die Funktion p(x) dargestellt. Der Preis beträgt in dem Beispiel 30, so dass die Konsumentenrente die eingefärbte Fläche zwischen der Funktion und der waagerechten Linie bei p = 30 ist. Bei der Lösung der Aufgabe war von 30 bis 100 über p integriert worden. Wenn man gedanklich die x- und p-Achse vertauscht, erkennt man, dass sich bei diesem Integral die entsprechende Fläche ergibt.

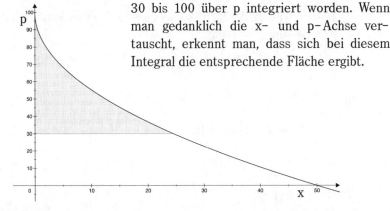

Die Konsumentenrente kann aber auch durch Integration über p(x) bestimmt werden. In diesem Fall muss von 0 bis zu der Menge, bei der sich ein Preis von 30 ergibt, integriert werden. Dabei ergibt sich für die Menge:

$$x(30) = 0{,}005(100 - 30)^2 = 24{,}5$$

Für die Produzentenrente ergibt sich bei dieser Darstellung somit:

$$KR = \int_0^{24{,}5} 100 - \sqrt{200x}\ dx - 30*24{,}5 = 571\frac{2}{3}$$

Um die Konsumentenrente zu erhalten, muss noch die Fläche unterhalb des Preises (das Rechteck hat die Fläche 30 * 24,5) abgezogen werden.

4.R a) $K(x) = \int \dfrac{2x}{\sqrt[3]{25 + 3x^2}}\ dx$

Substitution: $y = 25 + 3x^2$

$\Rightarrow \dfrac{1}{6x} dy = dx$

Einsetzen ergibt:

$$\dfrac{2x}{\sqrt[3]{25 + 3x^2}}\ dx = \dfrac{2x}{\sqrt[3]{y}} \dfrac{1}{6x} dy$$

$$= \dfrac{1}{\sqrt[3]{y}} \dfrac{1}{3} dy = \dfrac{1}{3} y^{-\frac{1}{3}}\ dy$$

In dem Ausdruck taucht kein x mehr auf, daher kann nun das Integral bestimmt werden:

$$\int \dfrac{1}{3} y^{-\frac{1}{3}}\ dy = \dfrac{1}{2} y^{\frac{2}{3}} + c = \dfrac{1}{2}(25 + 3x^2)^{\frac{2}{3}} + c$$

b) $K(5) = 20$

$\Leftrightarrow \dfrac{1}{2}(25 + 3*5^2)^{\frac{2}{3}} + c = 20$

$\Leftrightarrow \dfrac{1}{2}(100)^{\frac{2}{3}} + c = 20$

$\Leftrightarrow c = 9{,}228$

$$K(x) = \frac{1}{2}(25 + 3x^2)^{\frac{2}{3}} + 9{,}228$$

$$K(0) = \frac{1}{2}(25 + 3*0^2)^{\frac{2}{3}} + 9{,}228 = 13{,}503$$

4.S $\int_1^2 \frac{a}{x} e^{a*\ln(x)} \, dx$

$= \int_1^2 \frac{a}{x} e^{\ln(x^a)} \, dx$

$= \int_1^2 \frac{a}{x} x^a \, dx$

Nun kann x gekürzt werden:

$= \int_1^2 a*x^{a-1} \, dx$

$= [x^a]_1^2 = 2^a - 1^a = 2^a - 1$

Somit ergibt sich für die angeführte Bedingung:

$\int_1^2 \frac{a}{x} e^{a*\ln(x)} \, dx = 3$

$\Leftrightarrow 2^a - 1 = 3$

$\Leftrightarrow 2^a = 4$

$\Leftrightarrow a = 2$

4.T Um diesen Beweis zu führen, nimmt man sich am besten G(p+1) und integriert partiell:

$$G(p+1) = \int_0^\infty x^{p+1-2} * e^{-x} \, dx = \int_0^\infty x^{p-1} * e^{-x} \, dx$$

Bei der partiellen Integration muss nun dafür gesorgt werden, dass x^{p-1} abgeleitet wird, denn dadurch entsteht ein Term mit x^{p-2}, wie er bei G(p) auftritt. Daher wählt man:

$g(x) = x^{p-1}$ $\qquad f'(x) = e^{-x}$

$\Rightarrow g'(x) = (p-1)x^{p-2}$ $\qquad f(x) = -e^{-x}$

Es gilt: $\int g(x) * f'(x) \, dx = g(x) * f(x) - \int g'(x) * f(x) \, dx$

Eingesetzt ergibt sich für das unbestimmte Integral:

$$\int x^{p-1} * e^{-x} dx = x^{p-1} * (-e^{-x}) - \int (1-p) * x^{p-2} * (-e^{-x}) dx$$

$$= x^{p-1} * (-e^{-x}) + (1-p) * \int x^{p-2} * e^{-x} dx$$

Für das bestimmte Integral (mit Grenzen) ergibt sich:

$$\int_0^\infty x^{p-1} * e^{-x} dx = [x^{p-1} * (-e^{-x})]_0^\infty + (1-p) * \int_0^\infty x^{p-2} * e^{-x} dx$$

$$= [x^{p-1} * (-e^{-x})]_0^\infty + (1-p) * G(p)$$

Nun muss der Ausdruck $[x^{p-1} * (-e^{-x})]_0^\infty$ näher untersucht werden:

$$[x^{p-1} * (-e^{-x})]_0^\infty = \infty^{p-1} * (-e^{-\infty}) - 0^{p-1} * (-e^{-0}) = -\infty^{p-1} * e^{-\infty}$$

Hier ist ein Grenzwert zu bestimmen. Da die e-Funktion schneller gegen Null geht, als jede beliebige Potenzfunktion wächst, ist dieser Ausdruck Null. (Wenn man auf den Grenzwert die Regel von l' Hospital anwendet, wird der Zähler nach (p-1) Ableitungen zu einer Konstanten, während im Nenner immer e^x stehen bleibt):

$$\lim_{x \to \infty} -x^{p-1} * e^{-x} = \lim_{x \to \infty} \frac{-x^{p-1}}{e^x} = 0$$

Insgesamt gilt also:

$$\int_0^\infty x^{p-1} * e^{-x} dx = 0 + (1-p) * G(p)$$

$$\Leftrightarrow G(p+1) = (1-p) * G(p) \qquad \text{q.e.d.}$$

5 Differentialrechnung mehrerer Veränderlicher

5.1 Grundlagen zu Funktionen mehrerer Veränderlicher

5.1.A Ein Unternehmen fertige das Produkt Y gemäß der Produktionsfunktion $y(r_1, r_2) = r_1 * r_2^2$. Untersuchen Sie, ob die Funktion $y(r_1, r_2)$ homogen vom Grade c ist, $c \in \mathbb{R}$. Bestimmen Sie ggf. den Homogenitätsgrad c.

5.1.B Untersuchen Sie, ob die folgenden Funktionen homogen vom Grade c sind, $c \in \mathbb{R}$. Bestimmen Sie ggf. den Homogenitätsgrad c.

a) $f(x, y) = 3x^2 y^{0,5}$

b) $f(x, y, z) = xyz + x + y + 5z$

5.1.C Bestimmen Sie den maximal zulässigen Definitionsbereich der Funktion f mit:

$f(x, y, z) = \frac{x}{z} - \ln(x^2 * y)$

Lösungsvorschläge zu 5.1:

5.1.A $y(\lambda r_1, \lambda r_2)$

$= \lambda r_1 * (\lambda r_2)^2$

$= \lambda r_1 * \lambda^2 r_2^2$

$= \lambda^3 r_1 * r_2^2$

$= \lambda^3 y(r_1, r_2)$

Somit ist die Funktion homogen vom Grad 3.

5.1.B a) $f(\lambda x, \lambda y) = 3(\lambda x)^2 (\lambda y)^{0,5}$

$\quad\quad\quad = 3 \lambda^2 x^2 \lambda^{0,5} y^{0,5}$

$\quad\quad\quad = \lambda^{2,5} * 3x^2 y^{0,5}$

$\quad\quad\quad = \lambda^{2,5} * f(x, y)$

Die Funktion ist somit homogen vom Grad 2,5.

b) $\quad f(\lambda x, \lambda y, \lambda z) = \lambda x \lambda y \lambda z + \lambda x + \lambda y + 5 \lambda z$

$\quad\quad\quad = \lambda^3 xyz + \lambda(x + y + 5z)$

$\quad\quad\quad = \lambda(\lambda^2 xyz + x + y + 5z)$

Die Funktion ist nicht homogen, denn es ist nicht möglich eine bestimmte Potenz von λ so auszuklammern, dass sich die Ausgangsfunktion ergibt. (In der Klammer steht noch ein λ^2, dieses steht nicht in der Ausgangsfunktion.)

5.1.C Es müssen die Werte bestimmt werden, bei denen die Funktion nicht definiert ist. Dies ist einerseits für z = 0 der Fall, zudem ist der ln nicht definiert, wenn sein Argument kleiner oder gleich Null ist:

$x^2 * y = 0 < 0 \Leftrightarrow y < 0$

$x^2 * y = 0 \Leftrightarrow x^2 = 0 \lor y = 0$

$\Leftrightarrow x = 0 \lor y = 0$

Insgesamt ist die Funktion also nicht definiert, falls z = 0, x = 0 oder y $\leq$ 0 gilt. Die maximale Definitionsmenge lautet somit:

$\mathbb{D} = \{(x, y, z) \in \mathbb{R}^3 \mid x \neq 0 \land y > 0 \land z \neq 0\}$

5.2 Partielle Ableitungen

5.2.A Bestimmen Sie grad(f(x, y, z)) für die Funktion

$$f(x, y, z) = \frac{\sin x}{\cos y} + z * e^{(x^2 + z^2)}.$$

5.2.B Bestimmen Sie grad(f($\vec{x}$)) für die Funktion $f: \mathbb{R}^3 \to \mathbb{R}$ mit

$$f(\vec{x}) = x_1^2 \sin(x_2^2) + \ln(\sqrt{x_3}) - \frac{1}{x_1 x_2 x_3}$$

5.2.C Bestimmen Sie grad(f($\vec{x}$)) für

$$f(\vec{x}) = x\sqrt{y - z^2} + y^2 \ln(z) - e^{xy} \quad \text{mit } (\vec{x}) = \begin{pmatrix} x \\ y \\ z \end{pmatrix}$$

5.2.D Bestimmen Sie grad f(x) für die Funktion $f: \mathbb{R}_+^3 \to \mathbb{R}$ mit

$$f(\mathbf{x}) = x_1 \ln(x_2^2 + x_3) - \sqrt{(x_1 + x_2 + x_2)^3}, \quad \mathbf{x} = (x_1, x_2, x_3)$$

5.2.E Bestimmen Sie den Gradienten der folgenden Funktion:

$$f(x, y, z) = \ln(x^2 * y) + x * e^{x + z} - (yz)^{-2}$$

Lösungsvorschläge zu 5.2:

5.2.A Der Gradient einer Funktion ist der Vektor der partiellen Ableitungen. Er ist an sich als Zeilenvektor definiert. Der besseren Übersicht wegen wurde er nachfolgend als Spaltenvektor geschrieben.

$$\text{grad}(f(x,y,z)) = \begin{pmatrix} \dfrac{\cos x}{\cos y} + 2x \ast z \ast e^{(x^2+z^2)} \\ \dfrac{0 \ast \cos y - \sin x \ast (-\sin y)}{(\cos y)^2} \\ e^{(x^2+z^2)} + 2z \ast z \ast e^{(x^2+z^2)} \end{pmatrix}^T \quad \begin{array}{l} \\ \text{Quotientenregel} \\ \\ \text{Produktregel} \end{array}$$

$$= \begin{pmatrix} \dfrac{\cos x}{\cos y} + 2x \ast z \ast e^{(x^2+z^2)} \\ \dfrac{\sin x \ast \sin y}{(\cos y)^2} \\ (1 + 2z^2) \ast e^{(x^2+z^2)} \end{pmatrix}^T$$

5.2.B Mittels einiger Umformungen können die partiellen Ableitungen erleichtert werden:

$f(\vec{x}) = x_1^2 \sin(x_2^2) + \ln(x_3^{0,5}) - (x_1 x_2 x_3)^{-1}$
$= x_1^2 \sin(x_2^2) + 0{,}5 \ast \ln(x_3) - x_1^{-1} x_2^{-1} x_3^{-1}$

Für die Ableitungen ergibt sich nun:

$$\text{grad}(f(\vec{x})) = \begin{pmatrix} 2x_1 \sin(x_2^2) - (-x_1^{-2} x_2^{-1} x_3^{-1}) \\ x_1^2 \cos(x_2^2) \, 2x_2 - (-x_1^{-1} x_2^{-2} x_3^{-1}) \\ \dfrac{0{,}5}{x_3} - (-x_1^{-1} x_2^{-1} x_3^{-2}) \end{pmatrix}$$

$$= \begin{pmatrix} 2x_1 \sin(x_2^2) + x_1^{-2} x_2^{-1} x_3^{-1} \\ 2x_1^2 x_2 \cos(x_2^2) + x_1^{-1} x_2^{-2} x_3^{-1} \\ \dfrac{0{,}5}{x_3} + x_1^{-1} x_2^{-1} x_3^{-2} \end{pmatrix}$$

5.2.C Der Gradient einer Funktion ist der Vektor der partiellen Ableitungen.

Die Funktion lautet: $f(\vec{x}) = x(y - z^2)^{0,5} + y^2\ln(z) - e^{xy}$

$$\text{grad}(f(x, y, z)) = \begin{pmatrix} (y - z^2)^{0,5} - ye^{xy} \\ 0,5x(y - z^2)^{-0,5} + 2y\ln(z) - xe^{xy} \\ 0,5x(y - z^2)^{-0,5} * (-2z) + y^2 z^{-1} \end{pmatrix}^T$$

$$= \begin{pmatrix} (y - z^2)^{0,5} - ye^{xy} \\ 0,5x(y - z^2)^{-0,5} + 2y\ln(z) - xe^{xy} \\ -xz(y - z^2)^{-0,5} + y^2 z^{-1} \end{pmatrix}^T$$

5.2.D

$$\text{grad } f(\mathbf{r}) = \begin{pmatrix} \ln(x_2^2 + x_3) - 1,5 * (x_1 + x_2 + x_2)^{0,5} \\ \dfrac{2x_1 x_2}{x_2^2 + x_3} - 1,5 * (x_1 + x_2 + x_2)^{0,5} \\ \dfrac{x_1}{x_2^2 + x_3} - 1,5 * (x_1 + x_2 + x_2)^{0,5} \end{pmatrix}^T$$

5.2.E Zunächst wird die Funktion umgeformt:

$f(x, y, z) = \ln(x^2 * y) + x * e^{x+z} - (yz)^{-2}$

$= 2\ln(x) + \ln(y) + x * e^{x+z} - y^{-2} z^{-2}$

$\Rightarrow$

$$\text{grad } f = \begin{pmatrix} \dfrac{2}{x} + (1 + x) * e^{x+z} \\ \dfrac{1}{y} + 2y^{-3} z^{-2} \\ x * e^{x+z} + 2y^{-2} z^{-3} \end{pmatrix}^T$$

5.3 Extremwerte von Funktionen mit mehreren Variablen

5.3.A Bestimmen und klassifizieren Sie die Extrema der Funktion

$f(x, y) = \frac{1}{3}x^3 - x^2 + y^3 - 12y$.

5.3.B Ein Produzent bietet zwei Güter an. Zwischen den Absatzvariablen x_1, x_2 und den Preisvariablen p_1, p_2 gelten die Beziehungen:

$x_1 = 50 - p_1 - 0{,}5p_2$, $x_2 = 60 - 0{,}5p_1 - 1{,}5p_2$

Die Kosten sind gegeben durch:

$c_1(x_1) = 60 + 0{,}5x_1$, $c_2(x_2) = 60 + 0{,}5x_2$.

a) Ermitteln Sie die Gewinnfunktion
$g(p_1, p_2) = p_1 x_1 + p_2 x_2 - c_1(x_1) - c_2(x_2)$
in Abhängigkeit von p_1 und p_2.

b) Wie sind die Preise zu wählen, dass der Gewinn g maximal wird? Überprüfen Sie auch, ob es sich tatsächlich um ein Gewinnmaximum handelt. Wie hoch ist der maximale Gewinn?

c) Der Produzent setzt den Preis $p_2 = 10$ fest. Wie hat er dann den Preis p_1 zu wählen, damit der Gewinn (g) maximal wird?

5.3.C Gegeben sei die Funktion $f: \mathbb{R}^2 \to \mathbb{R}$ mit

$f(x, y) = 8 - 2x^2 + 4x - y^2 + 2y$

a) Bestimmen Sie den Gradienten und die Hesse-Matrix der Funktion.

b) Bestimmen Sie die stationären Stellen der Funktion und überprüfen Sie, ob es sich um Extrema handelt.

c) Überprüfen Sie für alle gefundenen Extrema, ob es sich um globale Extrema handelt.

Lösungsvorschläge zu 5.3:

5.3.A Die Funktion hängt von zwei Variablen ab. Extremwerte kann sie nur haben, wenn ihre partiellen Ableitungen in Richtung der beiden Variablen gleichzeitig Null sind (notwendige Bedingung):

$$\frac{\partial f}{\partial x} = x^2 - 2x = 0 \Leftrightarrow x(x-2) = 0 \Leftrightarrow x = 0 \lor x = 2$$

$$\frac{\partial f}{\partial y} = 3y^2 - 12 = 0 \Leftrightarrow y^2 = 4 \Leftrightarrow y = 2 \lor y = -2$$

An den folgenden 4 Stellen hat die Funktion also eine waagerechte Tangentialebene (stationäre Stellen):

$$(0; 2) \quad (0; -2) \quad (2; 2) \quad (2; -2)$$

Allerdings muss es sich bei diesen Punkten nicht um Extremwerte handeln, denn genauso wie bei eindimensionalen Funktionen kann es auch hier Sattelpunkte geben. Zur Überprüfung, ob es sich um einen Extremwert handelt, werden die zweiten partiellen Ableitungen gebildet (hinreichende Bedingung):

$$\frac{\partial^2 f}{\partial x^2} = 2x - 2$$

$$\frac{\partial^2 f}{\partial x \partial y} = \frac{\partial^2 f}{\partial y \partial x} = 0$$

$$\frac{\partial^2 f}{\partial y^2} = 6y$$

Bei einer Funktion mit 2 Variablen liegt ein Extremum vor, wenn die folgende Bedingung erfüllt ist:

$$\frac{\partial^2 f}{\partial x^2} * \frac{\partial^2 f}{\partial y^2} - \frac{\partial^2 f}{\partial x \partial y} * \frac{\partial^2 f}{\partial y \partial x} > 0$$

In diesen Fällen gilt:

$$\frac{\partial^2 f}{\partial x^2} > 0 \Rightarrow \text{lokales Minimum}$$

$$\frac{\partial^2 f}{\partial x^2} < 0 \Rightarrow \text{lokales Maximum}$$

In diesem speziellen Fall sind die gemischten Ableitungen Null. Die angeführten Bedingungen vereinfachen sich **in diesem Spezialfall weiter:**

$$\frac{\partial^2 f}{\partial x^2} > 0 \text{ und } \frac{\partial^2 f}{\partial y^2} > 0 \Rightarrow \text{lokales Minimum}$$

$\dfrac{\partial^2 f}{\partial x^2} < 0$ und $\dfrac{\partial^2 f}{\partial y^2} < 0$ $\Rightarrow$ lokales Maximum

An den 4 Stellen, wo die ersten Ableitungen Null sind, wird dieses Kriterium nun angewendet:

$(0, 2) \Rightarrow \dfrac{\partial^2 f}{\partial x^2} = 2*0 - 2 = -2 < 0 \wedge \dfrac{\partial^2 f}{\partial y^2} = 6*2 = 12 > 0$
$\Rightarrow$ Sattelpunkt

$(0, -2) \Rightarrow \dfrac{\partial^2 f}{\partial x^2} = -2 < 0 \wedge \dfrac{\partial^2 f}{\partial y^2} = -12 < 0 \Rightarrow$ lokales Maximum

$(2, 2) \Rightarrow \dfrac{\partial^2 f}{\partial x^2} = 2 > 0 \wedge \dfrac{\partial^2 f}{\partial y^2} = 12 > 0 \Rightarrow$ lokales Minimum

$(2, -2) \Rightarrow \dfrac{\partial^2 f}{\partial x^2} = 2 > 0 \wedge \dfrac{\partial^2 f}{\partial y^2} = -12 < 0 \Rightarrow$ Sattelpunkt

Die Funktion hat demnach zwei Extremwerte:
Minimum: $(2, 2)$, $f(2, 2) = -17{,}33$
Maximum: $(0, -2)$, $f(0, -2) = 16$
Da die Funktion für $x/y \to \infty$ gegen ∞ und für $x/y \to -\infty$ gegen $-\infty$ geht, handelt es sich bei beiden Extremwerten um lokale Extrema.

Hier sei noch einmal betont, dass das zuvor präsentierte Verfahren nur gestattet ist, wenn die gemischten Ableitungen Null sind. Auch die zuvor angeführte allgemeinere Variante ist nur für eine Funktion mit zwei Variablen geeignet. Andernfalls muss die Matrix der zweiten partiellen Ableitungen, die **Hessesche-Matrix** (oder auch kürzer Hesse-Matrix) betrachet werden. In diesem Fall lautet sie:

$$H(f(x, y)) = \begin{pmatrix} 2x-2 & 0 \\ 0 & 6y \end{pmatrix}$$

An den einzelnen stationären Stellen ergeben sich folgende Hesse-Matrizen:

$$H(f(0, 2)) = \begin{pmatrix} -2 & 0 \\ 0 & 12 \end{pmatrix} \qquad H(f(0, -2)) = \begin{pmatrix} -2 & 0 \\ 0 & -12 \end{pmatrix}$$

$$H(f(2, 2)) = \begin{pmatrix} 2 & 0 \\ 0 & 12 \end{pmatrix} \qquad H(f(2, -2)) = \begin{pmatrix} 2 & 0 \\ 0 & -12 \end{pmatrix}$$

Ein Extremwert liegt vor, wenn die Hesse-Matrix positiv oder negativ definit ist. Dieses ist bei einer (2, 2)-Matrix nur dann der Fall, wenn die Determinante der Hesse-Matrix positiv ist. Für die Determinanten ergeben sich folgende Werte:

$$\det(H(f(0, 2))) = -24 \qquad \det(H(f(0, -2))) = 24$$
$$\det(H(f(2, 2))) = 24 \qquad \det(H(f(2, -2))) = -24$$

In den beiden Fällen mit einer positiven Determinante muss nun das Element links oben in der Matrix betrachtet werden, ist dieses positiv bzw. neagativ, so ist die Matrix positiv bzw. negativ definit.

$(0, -2) \Rightarrow -2 < 0 \Rightarrow H(f(0, -2))$ ist negativ definit,
die Funktion hat also an der Stelle $(0, -2)$ ein lokales Maximum.

$(2, 2) \Rightarrow 2 > 0 \Rightarrow H(f(2, 2))$ ist positiv definit,
die Funktion hat also an der Stelle $(2, 2)$ ein lokales Minimum.

5.3.B **a)** Die Gewinnfunktion, die abhängig von p_1 und p_2 ist, erhält man, indem man für x_1 und x_2 die entsprechenden Ausdrücke ersetzt:

$$g(p_1, p_2) = p_1(50 - p_1 - 0{,}5p_2) + p_2(60 - 0{,}5p_1 - 1{,}5p_2)$$
$$- (60 + 0{,}5x_1) - (60 + 0{,}5x_2)$$
$$= p_1(50 - p_1 - 0{,}5p_2) + p_2(60 - 0{,}5p_1 - 1{,}5p_2)$$
$$- (60 + 0{,}5(50 - p_1 - 0{,}5p_2)) - (60 + 0{,}5(60 - 0{,}5p_1 - 1{,}5p_2))$$
$$= 50p_1 - p_1^2 - 0{,}5p_1p_2 + 60p_2 - 0{,}5p_1p_2 - 1{,}5p_2^2$$
$$- (60 + 25 - 0{,}5p_1 - 0{,}25p_2) - (60 + 30 - 0{,}25p_1 - 0{,}75p_2)$$
$$= 50p_1 - p_1^2 - 0{,}5p_1p_2 + 60p_2 - 0{,}5p_1p_2 - 1{,}5p_2^2$$
$$- 85 + 0{,}5p_1 + 0{,}25p_2 - 90 + 0{,}25p_1 + 0{,}75p_2$$
$$= \mathbf{50{,}75p_1 - p_1^2 - p_1p_2 + 61p_2 - 1{,}5p_2^2 - 175}$$

b) Notwendige Bedingung für ein lokales Maximum ist, dass die partiellen Ableitungen Null werden:

$$\frac{\partial g}{\partial p_1} = 50{,}75 - 2p_1 - p_2 = 0$$

$$\frac{\partial g}{\partial p_2} = -p_1 + 61 - 3p_2 = 0$$

Nachfolgend wird die zweite Gleichung nach p_1 aufgelöst und dann in die erste Gleichung eingesetzt:

$-p_1 + 61 - 3p_2 = 0 \Leftrightarrow 61 - 3p_2 = p_1$

$\Rightarrow 50{,}75 - 2(61 - 3p_2) - p_2 = 0$

$\Leftrightarrow 50{,}75 - 122 + 6p_2 - p_2 = 0$

$\Leftrightarrow -71{,}25 + 5p_2 = 0$

$\Leftrightarrow 5p_2 = 71{,}25$

$\Leftrightarrow \mathbf{p_2 = 14{,}25}$

Aus der nach p_1 aufgelösten Gleichung folgt nun weiterhin:

$p_1 = 61 - 3p_2 \Rightarrow p_1 = 61 - 3*14{,}25 \Leftrightarrow \mathbf{p_1 = 18{,}25}$

Das einzige lokale Extremum der Funktion liegt also bei (18,25; 14,25).

Um festzustellen, ob es sich tatsächlich um ein Maximum handelt, muss die Hesse-Matrix betrachtet werden. Es müssen also die zweiten partiellen Ableitungen berechnet werden. Die ersten partiellen Ableitungen lauteten:

$\frac{\partial g}{\partial p_1} = 50{,}75 - 2p_1 - p_2 = 0 \qquad \frac{\partial g}{\partial p_2} = -p_1 + 61 - 3p_2 = 0$

Für die zweiten partiellen Ableitungen ergibt sich nun:

$\frac{\partial^2 g}{\partial p_1^2} = -2 \qquad \frac{\partial^2 g}{\partial p_2^2} = -3 \qquad \frac{\partial^2 g}{\partial p_1 \partial p_2} = \frac{\partial^2 g}{\partial p_2 \partial p_1} = -1$

Für die Hesse-Matrix ergibt sich somit:

$H(p_1; p_2) = \begin{pmatrix} -2 & -1 \\ -1 & -3 \end{pmatrix}$

Da die Hesse-Matrix unabhängig von p_1 und p_2 ist, brauchen die Werte der möglichen Extremstelle (18,25; 14,25) nicht in die Hesse-Matrix eingesetzt werden.

Es soll gezeigt werden, dass die Funktion ein Maximum hat. Ein Maximum liegt vor, wenn die Hesse-Matrix negativ definit ist. Eine (2, 2)-Matrix ist negativ definit, wenn ihre Determinante positiv und das links oben stehende Element negativ ist.

$\det(H) = (-2)*(-3) - (-1)*(-1) = 5$

Die Determinante ist also positiv. Links oben steht ein negatives Element. Somit ist H negativ definit und die Funktion hat bei (18,25; 14,25) ein Maximum.

Für den Funktionswert ergibt sich:

$g(18,25; 14,25) = 50,75 * 18,25 - 18,25^2 - 18,25 * 14,25$
$+ 61 * 14,25 - 1,5 * 14,25^2 - 175 = 722,72$

c) Den vorgegebenen Wert für p_2 muss man in die Gewinnfunktion einsetzen. Diese hängt dann nur noch von einer Variablen ab:

$g(p_1) = 50,75 p_1 - p_1^2 - p_1 * 10 + 61 * 10 - 1,5 * 10^2 - 175$
$= 50,75 p_1 - p_1^2 - 10 p_1 + 610 - 150 - 175$
$= 40,75 p_1 - p_1^2 + 285$

Da es sich nun um eine Funktion von einer Variablen handelt, kann der gewinnmaximale Preis gefunden werden, indem die erste Ableitung der Funktion gleich Null gesetzt wird und dann die zweite Ableitung überprüft wird:

$g'(p_1) = 40,75 - 2p_1 = 0$

$\Leftrightarrow 40,75 = 2p_1$

$\Leftrightarrow p_1 = 20,375$

$g''(p_1) = -2$

Die zweite Ableitung ist überall negativ, also auch bei $p_1 = 20,375$, es liegt also tatsächlich ein Maximum vor.

Es ist ein Preis von 20,375 zu wählen.

5.3.C a) Für die partiellen Ableitungen ergibt sich Folgendes:

$$\frac{\partial f}{\partial x} = -4x + 4$$

$$\frac{\partial f}{\partial y} = -2y + 2$$

Somit ergibt sich für den Gradienten der Funktion:

$$\text{grad } f = \begin{pmatrix} -4x + 4 \\ -2y + 2 \end{pmatrix}^T$$

Für die Hesse-Matrix ergibt sich:

$$H(f(x, y)) = \begin{pmatrix} -4 & 0 \\ 0 & -2 \end{pmatrix}$$

b) Die stationären Stellen ergeben sich, indem die ersten partiellen Ableitungen (bzw. der Gradient) gleich Null gesetzt werden:

$$\frac{\partial f}{\partial x} = -4x + 4 = 0 \Leftrightarrow 4 = 4x \Leftrightarrow x = 1$$

$$\frac{\partial f}{\partial y} = -2y + 2 = 0 \Leftrightarrow 2 = 2y \Leftrightarrow y = 1$$

Die einzige stationäre Stelle der Funktion ist bei (1, 1).

Da die Hesse-Matrix unabhängig von x und y ist, brauchen die Werte der stationären Stelle nicht in die Hesse-Matrix eingesetzt werden. Für die Determinate der Hesse-Matrix ergibt sich:

$$\det(H) = (-4)*(-2) - 0*0 = 8$$

Die Determinante ist also positiv. Links oben in der Hesse-Matrix steht ein negatives Element, somit ist H negativ definit und die Funktion hat bei (1, 1) ein relatives Maximum.

c) Die Hesse-Matrix lautet:

$$H(f(x, y)) = \begin{pmatrix} -4 & 0 \\ 0 & -2 \end{pmatrix}$$

Wie zuvor bereits gezeigt worden ist, handelt es sich um eine negativ definite Matrix. Eine Funktion, die eine negativ definite Hesse-Matrix hat, ist streng konkav. Da die Hesse-Matrix unabhängig von x und y ist, folgt, dass die Funktion auf der gesamten Definitionsmenge $\mathbb{R}^2$ streng konkav ist, hieraus ergibt sich wiederum, dass an der Stelle (1, 1) ein globales Maximum der Funktin vorliegt.

5.4 Lagrangemethode

5.4.A a) Bestimmen Sie mit der Lagrangetechnik die potentiellen Extremwerte von $f(x,y) = x^2 + x*y + y^2$ unter der Nebenbedingung $x = y$.

b) Berechnen und klassifizieren Sie die potentiellen Extremwerte von $f(x,y)$ mit der Substitutionsmethode.

5.4.B Berechnen Sie mit Hilfe des Lagrange-Ansatzes alle stationären Stellen der Funktion

$$f: \mathbb{R}^3 \to \mathbb{R}; \begin{pmatrix} x_1 \\ x_2 \\ x_3 \end{pmatrix} \to f(x) = y = x_1^2 + x_2^2 + x_3^2$$

unter den Nebenbedingungen

$x_1 + x_2 = 1$
$2x_2 + x_3 = -2$

5.4.C Bestimmen Sie mit Hilfe des Lagrange-Ansatzes mögliche Extrema von $x + 2y$ unter der Nebenbedingung $x^2 + y^2 = 1$. Handelt es sich wirklich um Extrema?

5.4.D Verwenden Sie die Methode von Lagrange zur Lösung folgender Aufgabe.

Eine Unternehmensabteilung setzt Facharbeiter und Hilfsarbeiter ein. Der wöchentliche Output Y bei Einsatz von F Facharbeiterstunden und H Hilfsarbeiterstunden ist durch die folgende Produktionsfunktion $Y: \mathbb{R}^2 \to \mathbb{R}$ gegeben:

$$Y = Y(F, H) = 120F + 80H + 10FH - 0{,}5F^2 - \frac{2}{9}H^2.$$

Der Facharbeiterlohn beträgt 6 GE/h (Geldeinheiten pro Stunde) und der Hilfsarbeiterlohn 4 GE/h. Der Abteilung steht zur Entlohnung der Arbeitskräfte ein fest vorgegebenes Budget B zur Verfügung.

Speziell sei   a) B = 504 GE
              b) B = 432 GE

Mit welchen Zeiten soll die Abteilung Facharbeiter bzw. Hilfsarbeiter einsetzen, damit die Produktionsmenge möglichst groß wird?

5.4.E Ermitteln Sie mit Hilfe des Lagrange-Ansatzes die stationären Stellen der Funktion

f: (x, y, z) $\to -5x^2 + 4y^2 + 3z^2$

unter den Nebenbedingungen x + y = 3 und y + z = 4.

5.4.F Gegeben ist die Funktion f: $\mathbb{R}^2 \to \mathbb{R}$ mit $f(x, y) = e^{4-x^2-y^2}$. Bestimmen Sie mögliche Extremwerte von f unter der Nebenbedingung $x^2 + 2y = 6$. Verwenden Sie dabei die Methode von Lagrange.

5.4.G Betrachtet werde eine von zwei Gütern abhängige Nutzenfunktion U(x, y). Es steht das Budget B für den Kauf der beiden Güter, die zu den Preisen p_x und p_y angeboten werden, zur Verfügung. Zeigen Sie, dass für ein Nutzenmaximum das Verhältnis aus Grenznutzen und Preis für beide Güter identisch sein muss, dass also gelten muss:

$$\frac{\frac{\partial U(x,y)}{\partial x}}{p_x} = \frac{\frac{\partial U(x,y)}{\partial y}}{p_y}$$

5.4.H Ein Unternehmen fertige das Produkt Y gemäß der Produktionsfunktion $y(r_1, r_2) = r_1 * r_2^2$.

Das Unternehmen möchte die Produktionsmenge y des Produkts Y maximieren. Dabei steht für die Produktion pro Periode ein festes Finanzbudget von 6000 GE (Geldeinheiten) zur Verfügung, welches auch vollständig verbraucht werden soll. Eine ME (Mengeneinheit) des Produktionsfaktors r_1 kostet 1 GE, eine ME des Produktionsfaktors r_2 kostet 4 GE.

Bestimmen Sie mit Hilfe des Lagrange-Ansatzes die Mengenkombinationen der Produktionsfaktoren r_1 und r_2, an denen eine stationäre Stelle der Produktionsfunktion $y(r_1, r_2)$ unter Einhaltung der Budgetrestriktion vorliegt.

Lösungsvorschläge zu 5.4:

5.4.A **a)** Die Lagrangefunktion besteht aus der ursprünglichen Funktion, zu der die Nebenbedingungen multipliziert mit den Lagrangeparametern λ_i hinzugezählt werden. Die Nebenbedingungen müssen hierzu zuvor so umgeformt werden, dass auf der einen Seite nur noch eine Null steht. Im vorliegenden Fall ergibt sich:

$$L(x, y, \lambda) = x^2 + x*y + y^2 + \lambda(x-y)$$

Das Lagrangeprinzip besagt nun, dass diese Funktion dieselben Extremwerte hat wie die ursprüngliche Funktion f(x,y). Die möglichen Extremwerte von L liegen nun dort, wo die partiellen Ableitungen dieser Funktion nach x, y und λ Null sind.

$$\frac{\partial L}{\partial x} = 2x + y + \lambda = 0$$

$$\frac{\partial L}{\partial y} = 2y + x - \lambda = 0$$

$$\frac{\partial L}{\partial \lambda} = x - y = 0$$

Somit ergibt sich ein Gleichungssystem mit 3 Gleichungen und 3 Unbekannten. Aus der untersten Gleichung folgt x=y (die Ableitungen nach den Lagrangeparametern reproduzieren gerade wieder die Nebenbedingungen). Wenn man in den oberen Gleichungen x durch y ersetzt, ergibt sich:

$$2y + y + \lambda = 0$$
$$2y + y - \lambda = 0$$

Die Summierung dieser beiden Gleichungen ergibt:

$$6y = 0 \Leftrightarrow y = 0 \Rightarrow x = 0 \land \lambda = 0$$

Der Wert des Lagrangeparameters spielt für die möglichen Extremwerte keine Rolle. Also liegen potentielle Extremwerte der Funktion bei (0, 0).

b) Bei der Substitutionsmethode wird die Nebenbedingung nach einer Variablen aufgelöst. Diese Variable wird dann in der Funktion ersetzt. In diesem Fall braucht die Nebenbedingung nicht weiter aufgelöst zu werden, denn sie lautet ja x = y. Nachfolgend wird in der Funktion für x ersetzt:

$$f(y) = y^2 + y*y + y^2 = 3y^2$$

Da die Funktion nur noch von einer Variablen abhängt, ist die weitere Berechnung ziemlich einfach. Zunächst werden die Ableitungen der Funktion gebildet:

$$f'(y) = 6y$$
$$f''(y) = 6$$

Nun wird die erste Ableitung gleich Null gesetzt:

$$6y = 0 \Leftrightarrow y = 0$$

Einziger möglicher Extremwert der Funktion liegt also bei $y = 0$. Für die zweite Ableitung ergibt sich an dieser Stelle:

$$f''(0) = 6$$

Da die zweite Ableitung positiv ist, handelt es sich um einen Tiefpunkt. Aus der Ersetzungsbedingung (x=y) wird nun der zu dem Extremwert gehörende x-Wert berechnet:

$$x = 0$$

Die Funktion hat unter der gegebenen Nebenbedingung also nur einen einzigen Extremwert, einen Tiefpunkt an der Stelle (0, 0).

Anmerkung: Bei dieser Aufgabe könnte man sich fragen, wozu man eigentlich die Lagrangemethode lernt, wenn sich die Aufgaben mittels der Substitutionsmethode so einfach – wie hier gezeigt – lösen lassen. Daher sei darauf hingewiesen, dass es Aufgaben gibt, die sich nur mit der Lagrangemethode lösen lassen. Dies ist der Fall, wenn die Nebenbedingung nicht nach einer Variablen aufgelöst werden kann oder allgemeine Zusammenhänge (z. B. Minimalkostenkombination) hergeleitet werden sollen.

5.4.B Stationär ist eine Funktion an den Stellen, an denen ihre Steigung gleich Null ist. Also ist diese Aufgabenstellung äquivalent zu der vorherigen Aufgabe, wo die möglichen Extremstellen bestimmt werden sollten.

Hier sind zwei Nebenbedingungen vorhanden. Diese müssen nach Null aufgelöst, jeweils mit einem eigenen Lagrangeparameter versehen und dann zur Funktion hinzugefügt werden.

Es ergibt sich:
$$L = x_1^2 + x_2^2 + x_3^2 + \lambda_1(x_1+x_2 - 1) + \lambda_2(2x_2 + x_3 + 2)$$

$$\frac{\partial L}{\partial x_1} = 2x_1 + \lambda_1 = 0 \;\Rightarrow\; \lambda_1 = -2x_1$$

$$\frac{\partial L}{\partial x_2} = 2x_2 + \lambda_1 + 2\lambda_2 = 0$$

$$\frac{\partial L}{\partial x_3} = 2x_3 + \lambda_2 = 0 \;\Rightarrow\; \lambda_2 = -2x_3$$

$$\frac{\partial L}{\partial \lambda_1} = x_1 + x_2 - 1 = 0$$

$$\frac{\partial L}{\partial \lambda_2} = 2x_2 + x_3 + 2 = 0$$

Nun werden λ_1 und λ_2 in der zweiten Gleichung ersetzt:

$$2x_2 - 2x_1 - 4x_3 = 0$$

Weiterhin verbleiben die beiden Gleichungen aus den Nebenbedingungen:

$$x_1 + x_2 - 1 = 0$$
$$2x_2 + x_3 + 2 = 0$$

Dieses Gleichungssystem kann nun mit dem Gauß-Algorithmus (oder auch anders) berechnet werden. Zunächst werden die Variablen sortiert:

$$-2x_1 + 2x_2 - 4x_3 = 0$$
$$x_1 + x_2 = 1$$
$$2x_2 + x_3 = -2$$

$$\begin{pmatrix} -2 & 2 & -4 & 0 \\ 1 & 1 & 0 & 1 \\ 0 & 2 & 1 & -2 \end{pmatrix} \;+\; 0{,}5*I$$

$$\begin{pmatrix} -2 & 2 & -4 & 0 \\ 0 & 2 & -2 & 1 \\ 0 & 2 & 1 & -2 \end{pmatrix} \;-II$$

$$\begin{pmatrix} -2 & 2 & -4 & 0 \\ 0 & 2 & -2 & 1 \\ 0 & 0 & 3 & -3 \end{pmatrix} \begin{array}{l} /(-2) \\ \\ /3 \end{array}$$

$$\begin{pmatrix} 1 & -1 & 2 & 0 \\ 0 & 1 & -1 & 0{,}5 \\ 0 & 0 & 1 & -1 \end{pmatrix}$$

Nun folgt: $x_3 = -1$
$x_2 - (-1) = 0{,}5 \Leftrightarrow x_2 = -0{,}5$
$x_1 - (-0{,}5) + 2(-1) = 0 \Leftrightarrow x_1 = 1{,}5$
Es ergibt sich also als einzige stationäre Stelle:
$x_1 = 1{,}5; \; x_2 = -0{,}5; \; x_3 = -1$

5.4.C $f(x, y)$ lautet hier $f(x, y) = x + 2y$ und die Nebenbedingung lautet $x^2 + y^2 = 1$.

Für die Lagrangefunktion ergibt sich somit:
$L = x + 2y + \lambda(x^2 + y^2 - 1)$

Für die partiellen Ableitungen folgt:

$\frac{\partial L}{\partial x} = 1 + 2x\lambda = 0$

$\frac{\partial L}{\partial y} = 2 + 2y\lambda = 0$

$\frac{\partial L}{\partial \lambda} = x^2 + y^2 - 1 = 0$

Es ist am sinnvollsten, zuerst λ aus den Gleichungen zu eliminieren, da man ja nur x und y ausrechnen muss. Zunächst wird die erste Gleichung mit y und die zweite mit x multipliziert (dieses ist allerdings nur für $x \neq 0 \wedge y \neq 0$ erlaubt; sollte sich als Lösung für eine der Variablen Null ergeben, so muss diese Lösung näher überprüft werden):

$y + 2xy\lambda = 0$
$2x + 2xy\lambda = 0$

Nun wird die zweite Gleichung von der ersten abgezogen:

$\Rightarrow y - 2x = 0 \Leftrightarrow y = 2x$

Wenn man dieses in die dritte Gleichung einsetzt, ergibt sich:

$x^2 + (2x)^2 = 1 \Leftrightarrow 5x^2 = 1 \Leftrightarrow x = \pm\sqrt{0{,}2}$

Für y ergibt sich dann:

$y = \pm 2\sqrt{0{,}2} = \pm\sqrt{4} * \sqrt{0{,}2} = \pm\sqrt{0{,}8}$

Somit ergeben sich folgende Punkte als Lösung:

$(\sqrt{0{,}2}; \sqrt{0{,}8})$ und $(-\sqrt{0{,}2}; -\sqrt{0{,}8})$

Der erste Punkt ist ein Hochpunkt, der zweite ein Tiefpunkt, denn die Funktion nimmt mit steigenden x- und y-Werten zu. Die Nebenbedingung stellt einen Kreis dar.

5.4.D Zunächst muss die Nebenbedingung aufgestellt werden. Pro Facharbeiter muss ein Lohn von 6 Geldeinheiten und pro Hilfsarbeiter ein Lohn von 4 GE bezahlt werden. Somit ergibt sich folgende Nebenbedingung:

$$6F + 4H = B$$

Für die Lagrangefunktion ergibt sich:

$$L(F, H, \lambda) = 120F + 80H + 10FH - 0{,}5F^2 - \frac{2}{9}H^2 + \lambda(6F+4H-B)$$

Die Aufgabe soll mit zwei verschiedenen Budgets berechnet werden, daher ist es zunächst am günstigsten, sie in Abhängigkeit von B zu lösen.

$$\frac{\partial Y}{\partial F} = 120 + 10H - F + 6\lambda = 0$$

$$\frac{\partial Y}{\partial H} = 80 + 10F - \frac{4}{9}H + 4\lambda = 0$$

$$\frac{\partial Y}{\partial \lambda} = 6F + 4H - B = 0$$

Die Gleichungen wurden bereits gleich Null gesetzt. Aus den ersten beiden Gleichungen wird nun λ entfernt. Hierzu wird die erste Gleichung mit 2 und die zweite mit 3 multipliziert und dann die zweite von der ersten Gleichung abgezogen:

$$240 + 20H - 2F + 12\lambda = 0$$

$$-(240 + 30F - \frac{4}{3}H + 12\lambda = 0)$$

$$= -32F + \frac{64}{3}H = 0$$

$$\Leftrightarrow F = \frac{2}{3}H$$

Für F kann nun in die dritte Gleichung eingesetzt werden:

$$6*\frac{2}{3}H + 4H - B = 0 \Leftrightarrow 8H = B \Leftrightarrow H = \frac{1}{8}B \Rightarrow F = \frac{1}{12}B$$

Somit ergeben sich für die beiden Budgets:

a) $F = 42$ $H = 63$ $Y_{max} = 34{,}776$

b) $F = 36$ $H = 54$ $Y_{max} = 26{,}784$

5.4.E Die Lagrangefunktion lautet:

$$L = -5x^2 + 4y^2 + 3z^2 + \lambda(x + y - 3) + \mu(y + z - 4)$$

$$\frac{\partial L}{\partial x} = -10x + \lambda = 0 \Leftrightarrow 10x = \lambda$$

$$\frac{\partial L}{\partial y} = 8y + \lambda + \mu = 0$$

$$\frac{\partial L}{\partial z} = 6z + \mu = 0 \Leftrightarrow -6z = \mu$$

$$\frac{\partial L}{\partial \lambda} = x + y - 3 = 0$$

$$\frac{\partial L}{\partial \mu} = y + z - 4 = 0$$

Nun können λ und μ in der zweiten Gleichung ersetzt werden, und es sind dann noch folgende 3 Gleichungen zu lösen:

$8y + 10x + -6z = 0 \Leftrightarrow 10x + 8y - 6z = 0$

$x + y - 3 = 0 \Leftrightarrow x + y = 3$

$y + z - 4 = 0 \Leftrightarrow y + z = 4$

Im Folgenden wird der Gauß-Algorithmus zur Lösung des Gleichungssystems angewendet. (Die Zeilen mit den vielen Einsen wurden nachfolgend nach oben geschrieben, weil dies die Rechnung erleichtert, die Reihenfolge der Gleichungen ist ja für das Ergebnis egal). Die erweiterte Koeffizientenmatrix lautet:

$$\begin{pmatrix} 1 & 1 & 0 & 3 \\ 0 & 1 & 1 & 4 \\ 10 & 8 & -6 & 0 \end{pmatrix} \quad -10*\text{I}$$

$$\begin{pmatrix} 1 & 1 & 0 & 3 \\ 0 & 1 & 1 & 4 \\ 0 & -2 & -6 & -30 \end{pmatrix} \quad +2*\text{II}$$

$$\begin{pmatrix} 1 & 1 & 0 & 3 \\ 0 & 1 & 1 & 4 \\ 0 & 0 & -4 & -22 \end{pmatrix} \quad /(-4)$$

$$\begin{pmatrix} 1 & 1 & 0 & 3 \\ 0 & 1 & 1 & 4 \\ 0 & 0 & 1 & 5.5 \end{pmatrix} \quad -\text{III}$$

$$\begin{pmatrix} 1 & 1 & 0 & 3 \\ 0 & 1 & 0 & -1.5 \\ 0 & 0 & 1 & 5.5 \end{pmatrix} \begin{matrix} -\text{II} \\ \\ \end{matrix}$$

$$\begin{pmatrix} 1 & 0 & 0 & 4.5 \\ 0 & 1 & 0 & -1.5 \\ 0 & 0 & 1 & 5.5 \end{pmatrix}$$

Somit hat die Funktion unter den gegebenen Nebenbedingungen nur bei (4,5; −1,5; 5,5) eine stationäre Stelle.

5.4.F Die Lagrangefunktion lautet:

$$L(x, y, \lambda) = e^{4-x^2-y^2} + \lambda(x^2+2y-6)$$

$$\frac{\partial L}{\partial x} = -2xe^{4-x^2-y^2} + 2\lambda x = 0$$

$$\frac{\partial L}{\partial y} = -2ye^{4-x^2-y^2} + 2\lambda = 0 \mid *x$$

$$\frac{\partial L}{\partial \lambda} = x^2 + 2y - 6 = 0$$

Nun wird die zweite Gleichung mit x multipliziert und dann von der ersten Gleichung abgezogen. Dadurch fällt das λ aus den Gleichungen heraus.

$$-2xe^{4-x^2-y^2} + 2\lambda x = 0$$

$$-(-2xye^{4-x^2-y^2} + 2\lambda x = 0)$$

$$\Rightarrow 2xye^{4-x^2-y^2} - 2xe^{4-x^2-y^2} = 0$$

$$\Leftrightarrow 2xe^{4-x^2-y^2}*(y-1) = 0 \Leftrightarrow x = 0 \vee y = 1$$

($e^{4-x^2-y^2}$ wird nie Null)

Aus der dritten Gleichung müssen nun für die gefundenen Werte die jeweils anderen Werte berechnet werden.

Für **x = 0** ergibt sich:

$$0^2 + 2y - 6 = 0 \Leftrightarrow y = 3$$

Für **y = 1** folgt:

$$x^2 + 2*1 - 6 = 0 \Leftrightarrow x^2 = 4 \Leftrightarrow x = 2 \vee x = -2$$

Insgesamt ergeben sich also als Lösungsmenge folgende drei Punkte:

(0, 3); (2, 1) und (−2, 1)

Für die Funktionswerte ergibt sich.

$$f(0, 3) = e^{-5}; \quad f(2, 1) = f(-2, 1) = e^{-1}$$

5.4.G Der Zusammenhang kann mittels Lagrange hergeleitet werden. Ausgangspunkt ist die Nutzenfunktion U(x, y), die maximiert werden soll. Bei der Maximierung ist zu beachten, dass nur eine bestimmte Menge an Geld (B) zur Verfügung steht, um die Güter x und y zu kaufen. Gibt man das vorhandene Geld ganz aus, so befindet man sich gerade auf der Budgetgeraden, es gilt dann:

$$B = p_x * x + p_y * y$$

Für die Langrangefunktion ergibt sich somit:

$$L(x, y, \lambda) = U(x, y) + \lambda(p_x*x + p_y*y - B)$$

Für die Ableitungen der Lagrangefunktion ergibt sich:

$$\frac{\partial L}{\partial x} = \frac{\partial U(x, y)}{\partial x} + \lambda p_x = 0$$

$$\frac{\partial L}{\partial y} = \frac{\partial U(x, y)}{\partial y} + \lambda p_y = 0$$

Die Ableitung nach λ wird hier nicht berechnet, denn sie wird nachfolgend nicht benötigt. Die beiden Gleichungen werden jetzt nach λ aufgelöst, hierbei ergibt sich für die erste Gleichung:

$$\frac{\partial U(x, y)}{\partial x} + \lambda p_x = 0 \quad | - \frac{\partial U(x, y)}{\partial x}$$

$$\Leftrightarrow \lambda p_x = - \frac{\partial U(x, y)}{\partial x} \quad | /p_x$$

$$\Leftrightarrow \lambda = - \frac{\frac{\partial U(x, y)}{\partial x}}{p_x}$$

Für die zweite Gleichung ergibt sich mittels entsprechender Umformungen:

$$\Leftrightarrow \lambda = - \frac{\frac{\partial U(x, y)}{\partial y}}{p_y}$$

Die beiden gefundenen Ausdrücke für λ können jetzt gleich gesetzt werden, hierbei ergibt sich:

$$-\frac{\frac{\partial U(x,y)}{\partial x}}{p_x} = -\frac{\frac{\partial U(x,y)}{\partial y}}{p_y} \quad | *(-1)$$

$$\Leftrightarrow \frac{\frac{\partial U(x,y)}{\partial x}}{p_x} = \frac{\frac{\partial U(x,y)}{\partial y}}{p_y}$$

Genau dieser Zusammenhang sollte bewiesen werden. Er ergibt sich somit, wie gefordert, als notwendige Bedingung für ein Nutzenmaximum.

5.4.H $L(x, y, \lambda) = r_1 * r_2^2 + \lambda(r_1 + 4r_2 - 6.000)$

$\frac{\partial L}{\partial r_1} = r_2^2 + \lambda = 0$

$\frac{\partial L}{\partial r_2} = 2r_1 * r_2 + 4\lambda = 0$

$\frac{\partial L}{\partial \lambda} = r_1 + 4r_2 - 6.000 = 0$

Aus den ersten beiden Gleichungen wird nun zunächst λ eliminiert:

$4*I - II: 4r_2^2 - 2r_1 * r_2 = 0$

$\Leftrightarrow r_2(4r_2 - 2r_1) = 0$

$\Leftrightarrow r_2 = 0 \lor 4r_2 - 2r_1 = 0$

$\Leftrightarrow r_2 = 0 \lor r_1 = 2r_2$

Für $r_2 = 0$ ergibt sich weiter:

$r_1 + 4*0 - 6.000 = 0 \Leftrightarrow r_1 = 6.000$

Für $r_1 = 2r_2$ ergibt sich:

$2r_2 + 4r_2 - 6.000 = 0$

$\Leftrightarrow r_2 = 1.000$

$\Rightarrow r_1 = 2*1.000 = 2.000$

Es ergeben sich die stationären Stellen (6.000; 0) und (2.000; 1.000)

5.5 Totales Differential

5.5.A Bei der Produktion eines Gutes wird die Abhängigkeit des Outputs x von den zwei Produktionsfaktoren r_1 und r_2 durch die folgende Produktionsfunktion beschrieben:

$$x(r_1, r_2) = 0{,}5 \sqrt{r_1 r_2} + 0{,}1\, r_1^{0,4}\, r_2^{0,6}$$

a) Berechnen Sie den Output für $r_0 = (r_{01}, r_{02}) = (3, 5)$

b) Berechnen Sie grad x(**r**)

c) Wie verändert sich $x_0 = x(r_0)$ in 1. Näherung, wenn r_{01} um 0,2 Einheiten vergrößert und r_{02} um 0,1 Einheiten verkleinert wird? Vergleichen Sie diesen Wert mit dem exakten Änderungswert.

5.5.B Bestimmen Sie das totale Differential von:

$f: \mathbb{R}^2 \to \mathbb{R}$ mit $f(x; y) = e^{x*y} - (xy)^2$

an der Stelle (1; 1) für dx = 0,1; dy = 0,2.

Vergleichen Sie den Wert mit df = f(1,1; 1.2) − f((1; 1)).

Lösungsvorschläge zu 5.5:

5.5.A a) x(3, 5) = 2,344

b)
$$\text{grad } x(\mathbf{r}) = \begin{pmatrix} 0{,}25 r_1^{-0,5} r_2^{0,5} + 0{,}04 r_1^{-0,6} r_2^{0,6} \\ 0{,}25 r_1^{0,5} r_2^{-0,5} + 0{,}06 r_1^{0,4} r_2^{-0,4} \end{pmatrix}^T$$

c) Das totale Differential lautet:

$$dx = (0{,}25 r_1^{-0,5} r_2^{0,5} + 0{,}04 r_1^{-0,6} r_2^{0,6}) dr_1$$
$$+ (0{,}25 r_1^{0,5} r_2^{-0,5} + 0{,}06 r_1^{0,4} r_2^{-0,4}) dr_2$$

Setzt man die gegebenen Werte ein, erhält man:

$$dx = 0{,}0512$$

Für die exakte Änderung der Funktion ergibt sich:

$\Delta x = x(3{,}2;\ 4{,}9) - x(3;\ 5) = 0{,}049$

5.5.B Hier soll überprüft werden, wie gut die Veränderung der Funktion durch das totale Differential angenähert wird. Um das totale Differential berechnen zu können, müssen zunächst die partiellen Ableitungen der Funktion nach x und y gebildet werden:

$$\frac{\partial f(x,\ y)}{\partial x} = y * e^{x*y} - 2x * y^2 \qquad \frac{\partial f(x,\ y)}{\partial y} = x * e^{x*y} - 2y * x^2$$

Das totale Differential ergibt sich damit zu:

$df(x,y) = (y * e^{x*y} - 2x * y^2) * dx + (x * e^{x*y} - 2y * x^2) * dy$

Das totale Differential soll an der Stelle (1, 1) für dx = 0,1 und dy = 0,2 berechnet werden. Daher muss für x und y 1 eingesetzt werden, für dx 0,1 und für dy 0,2. Wird dies durchgeführt, ergibt sich:

$df(1,1) = (1 * e^{1*1} - 2*1 * 1^2) * 0{,}1 + (1 * e^{1*1} - 2*1 * 1^2) * 0{,}2$

$= (e - 2) * 0{,}1 + (e - 2) * 0{,}2 = 0{,}215$

Nun soll der tatsächliche Unterschied der Funktionswerte bestimmt werden, hierzu müssen die Werte einfach in die Funktion eingesetzt werden:

$\Delta f = f(1{,}1;\ 1{,}2) - f((1;\ 1)) = e^{1{,}1\ *\ 1{,}2} - 1{,}1^2 * 1{,}2^2 - (e^{1*1} - 1^2 * 1^2) = 0{,}283$

Der Wert des totalen Differentials liegt deutlich unter dem tatsächlichen Unterschied der Funktionswerte. Dies bedeutet, dass in diesem Fall das totale Differential keine gute Näherung für die Funktion ist (dx und dy sind zu groß).

5.6 Abbildungen in den $\mathbb{R}^n$

5.6.A Gegeben sind die Funktionen:

$$f: \mathbb{R}^2 \to \mathbb{R}^3 \text{ mit } \begin{pmatrix} y_1 \\ y_2 \\ y_3 \end{pmatrix} = \begin{pmatrix} x_1 + x_2 \\ 1 + x_1^2 + x_2^2 \\ x_1 * x_2 \end{pmatrix} \text{ und}$$

$$g: \mathbb{R}^+ \to \mathbb{R}^2 \text{ mit } \begin{pmatrix} x_1 \\ x_2 \end{pmatrix} = \begin{pmatrix} \ln t \\ t-1 \end{pmatrix}.$$

a) Bestimmen Sie $D_f(\vec{x}) = \left(\dfrac{\partial y_i}{\partial x_j} \right)$ und

$$D_g(t) = \left(\dfrac{\partial x_j}{\partial t} \right) \; (\; i = 1, 2, 3; \; j = 1, 2)$$

b) Bestimmen Sie mit der Kettenregel die Matrix $D_{f \circ g}(t)$

5.6.B Gegeben seien die beiden Funktionen

$$v: \mathbb{R}^2 \to \mathbb{R}^3; \; \begin{pmatrix} x_1 \\ x_2 \end{pmatrix} \to v(\vec{x}) = \begin{pmatrix} x_1 + x_2 \\ 2x_1^2 - x_2^3 \\ x_1 x_2 \end{pmatrix}$$

$$u: \mathbb{R}^3 \to \mathbb{R}; \; \begin{pmatrix} r_1 \\ r_2 \\ r_3 \end{pmatrix} \to u(\vec{r}) = y = r_1 r_3 + r_2$$

a) Bestimmen Sie $u \circ v$

b) Bestimmen Sie $(u \circ v)'(\underline{x})$

c) Bestimmen Sie $(u \circ v)'(\underline{x}) = \left[\dfrac{\partial y}{\partial x_k} \right]$ mittels der mehrdimensionalen Kettenregel aus den Ableitungen von u und v.

Lösungsvorschläge zu 5.6:

5.6.A

a)
$$D_f(\vec{x}) = \begin{pmatrix} 1 & 1 \\ 2x_1 & 2x_2 \\ x_2 & x_1 \end{pmatrix} \qquad D_g(t) = \begin{pmatrix} \frac{1}{t} \\ 1 \end{pmatrix}$$

b) Hier muss entsprechend der mehrdimensionalen Kettenregel das Matrizenprodukt der Ableitungsmatrizen gebildet werden:

$D_f(\vec{x}) * D_g(t) =$

		$\frac{1}{t}$
		1
1	1	$\frac{1}{t} + 1$
$2x_1$	$2x_2$	$2x_1 \frac{1}{t} + 2x_2$
x_2	x_1	$x_2 * \frac{1}{t} + x_1$

Entsprechend der Funktionsvorschrift für die einzelnen Komponenten von g müssen nun noch die x_i durch t ersetzt werden. Hierbei ergibt sich:

$$D_{f \circ g}(t) = \begin{pmatrix} \frac{1}{t} + 1 \\ 2\ln t * \frac{1}{t} + 2(t-1) \\ (t-1) * \frac{1}{t} + \ln t \end{pmatrix}$$

5.6.B

a) $u \circ v = x_1^2 x_2 + x_1 x_2^2 + 2x_1^2 - x_2^3$

b) Es muss nach allen Variablen der Funktion partiell abgeleitet werden, um $(u \circ v)'(x)$ zu bestimmen.

$(u \circ v)'(x) = 2x_1 x_2 + x_2^2 + 4x_1 \; ; \; x_1^2 + 2x_1 x_2 - 3x_2^2$

c) Nach der mehrdimensionalen Kettenregel kann man auch die Ableitungen der einzelnen Funktionen berechnen (dies sind Matrizen) und dann ihr Matrizenprodukt errechnen.

$u' = (r_3 \; ; \; 1; \; r_1)$

$$v' = \begin{pmatrix} 1 & 1 \\ 4x_1 & -3x_2^2 \\ x_2 & x_1 \end{pmatrix}$$

$$u' * v' = \begin{array}{c|cc} & \begin{pmatrix} 1 & 1 \\ 4x_1 & -3x_2^2 \\ x_2 & x_1 \end{pmatrix} \\ \hline (r_3 \; ; \; 1; \; r_1) & r_3 + 4x_1 + r_1 x_2 \quad r_3 - 3x_2^2 + r_1 x_1 \end{array}$$

Nun werden r_1 und r_3 ersetzt:

$u' * v' = (\, x_1 x_2 + 4x_1 + (x_1 + x_2)x_2 \quad ; \quad (x_1 x_2) - 3x_2^2 + (x_1 + x_2)x_1 \,)$

$= (\, x_1 x_2 + 4x_1 + x_1 x_2 + x_2^2 \; ; \; x_1 x_2 - 3x_2^2 + x_1^2 + x_1 x_2 \,)$

$= (\, 2x_1 x_2 + x_2^2 + 4x_1 \; ; \; x_1^2 + 2x_1 x_2 - 3x_2^2 \,)$

5.7 Integralrechnung im $\mathbb{R}^n$

5.7A Berechnen Sie das folgende Integral:

$$\int_0^1 \int_1^2 (x^3 + xy)\, dx\, dy$$

5.7.B Gegeben sei die Funktion f: [0; 1] x [0; 2] → $\mathbb{R}$

$$f(x, y) = e^y + xy$$

Bestimmen Sie den Rauminhalt unter der durch f gegebenen Fläche.

Lösungsvorschläge zu 5.7:

5.7.A Derartige Doppelintegrale werden von innen nach außen gelöst. Zunächst wird also über x integriert, hierbei wird y wie eine Konstante behandelt.

$$\int_0^1 \int_1^2 (x^3 + xy)\, dx\, dy$$

$$= \int_0^1 \left[\frac{1}{4}x^4 + \frac{1}{2}x^2 y \right]_1^2 dy$$

$$= \int_0^1 \frac{1}{4}2^4 + \frac{1}{2}2^2 y - (\frac{1}{4}1^4 + \frac{1}{2}1^2 y)\, dy$$

$$= \int_0^1 4 + 2y - \frac{1}{4} - \frac{1}{2}y\, dy$$

$$= \int_0^1 3\frac{3}{4} + \frac{3}{2}y\, dy$$

$$= \left[3\frac{3}{4}y + \frac{3}{2}\frac{1}{2}y^2 \right]_0^1$$

$$= 3\frac{3}{4}*1 + \frac{3}{2}\frac{1}{2}1^2 - (3\frac{3}{4}*0 + \frac{3}{2}\frac{1}{2}0^2)$$

$$= 3\frac{3}{4} + \frac{3}{4} = 4{,}5$$

5.7.B Der Rauminhalt unterhalb der durch f gegebenen Fläche ergibt sich als Integral über die Funktion:

$$\int_0^2 \int_0^1 e^y + xy \, dx \, dy$$

Da f (x, y) von [0; 1] x [0; 2] nach $\mathbb{R}$ abbildet, sind die Grenzen für das innere Integral über x 0 und 1.

$$= \int_0^2 \left[e^y * x + \frac{1}{2}x^2 y \right]_0^1 dy$$

$$= \int_0^2 e^y * 1 + \frac{1}{2}1^2 y - (e^y * 0 + \frac{1}{2}0^2 y) \, dy$$

$$= \int_0^2 e^y + \frac{1}{2}y \, dy$$

$$= \left[e^y + \frac{1}{2} * \frac{1}{2}y^2 \right]_0^2$$

$$= \left[e^y + \frac{1}{4}y^2 \right]_0^2$$

$$= e^2 + \frac{1}{4}2^2 - (e^0 + \frac{1}{4}0^2)$$

$$= e^2 + 1 - 1 = e^2$$

6 Differentialgleichungen

6.A Die Differentialgleichung $\left(\frac{dy}{dx} = \right)$ $y' = 2(x+1)y$
lässt sich zu folgender Gleichung umformen:
$$\int \frac{dy}{y} = \int (2x+2)\, dx \, .$$
Bestimmen Sie die Funktion y(x) mit der Anfangsbedingung $y(-1) = 1$.

6.B Die Funktion $f : X \to \mathbb{R}$, $x \mapsto f(x) = y$ erfüllt die Differentialgleichung
$$y' = \frac{y}{x+5}$$
Bestimmen Sie f durch Lösen der DGl unter Berücksichtigung der Anfangsbedingung $f(3) = -2$.

6.C Die Funktion $f: \mathbb{R} \to \mathbb{R}$, $x \to f(x) = y$ erfüllt die Differentialgleichung $y' - xe^x y = 0$.
Bestimmen Sie f durch Lösung der DGl unter Berücksichtigung der Anfangsbedingung $f(0) = e$.

6.D Die Funktion $f: \mathbb{R} \mapsto \mathbb{R}$, $x \mapsto f(x) = y$ erfüllt die inhomogene Differentialgleichung
$$xy' + y = x^2 + 1 \qquad x > 0$$
Bestimmen Sie f durch Lösen der Differentialgleichung unter Berücksichtigung der Anfangsbedingung $f(3) = 0$.

6.E Eine Funktion $Y : [0, \infty[\mapsto \mathbb{R}$ beschreibt den Absatz $Y = Y(t)$ eines Produktes im Zeitablauf. Die Elastizitätsfunktion
$$\epsilon_{Y,t}(t) := \frac{Y'(t)}{Y(t)} \, t \quad \text{sei wie folgt gegeben:}$$
$$\epsilon_{Y,t}(t) = \frac{t}{8+3t} \, .$$
Bestimmen Sie die Absatzfunktion Y(t) durch Lösung der hieraus resultierenden Gleichung
$$\int \frac{Y'(t)}{Y(t)}\, dt = \int \frac{1}{8+3t}\, dt \, .$$
Dabei beträgt zur Zeit t=0 der Absatz $Y(0) = 2$.

6.F Die Funktion $f : \mathbb{R} \mapsto \mathbb{R}, x \mapsto f(x) = y$ erfüllt die inhomogene Differentialgleichung
$$\frac{y' - e^x}{y} = 1$$
Bestimmen Sie f durch Lösen der Differentialgleichung unter Berücksichtigung der Anfangsbedingung $f(0) = 1$.

6.G
a) Gegeben ist die Gleichung $f'(x) = -0{,}27 * f(x)$. Bestimmen Sie unter der Voraussetzung, dass $f(0) = 3$ gilt, $f(x)$ und $f(10)$.

b) Berechnen Sie alle Werte $x \in \mathbb{R}$, für die gilt $f'(x) = -0{,}14$.

Lösungsvorschläge zu 6:

6.A In der Aufgabenstellung ist die Differentialgleichung bereits so umgestellt, dass die beiden Seiten der Gleichung nur noch integriert werden müssen:

$$\int \frac{dy}{y} = \int (2x+2)\, dx$$

$$\Leftrightarrow \ln|y| = x^2 + 2x + c$$

Auf der linken Seite sind die Betragsstriche zu beachten. Der Logarithmus ist nur für positive Argumente definiert. Die beiden Integrationskonstanten wurden zu einer neuen Integrationskonstanten zusammengefasst. Die Gleichung wird nach y aufgelöst:

$\ln|y| = x^2 + 2x + c \mid e^\wedge$

$\Leftrightarrow |y| = e^{x^2 + 2x + c}$

$\Leftrightarrow y = \pm\, e^{x^2 + 2x} * e^c$

$\Leftrightarrow y = e^{x^2 + 2x} * k \quad$ mit der neuen Konstanten $k = \pm e^c$

Setzt man nun die Anfangsbedingung für x und y ein, ergibt sich:

$1 = e^{(-1)^2 + 2(-1)} * k \;\Leftrightarrow\; 1 = e^{-1} * k \mid * e$

$\Leftrightarrow k = e$

Dieser Wert muss in die allgemeine Lösung eingesetzt werden, um die spezielle Lösung zu erhalten:

$\Rightarrow y = e^{x^2 + 2x} * e \;\Leftrightarrow\; y = e^{x^2 + 2x + 1}$

6.B $\quad y' = \dfrac{y}{x+5} \quad \Leftrightarrow \quad \dfrac{dy}{dx} = \dfrac{y}{x+5} \quad | *dx\ /y$

Nun werden die Terme nach x und y sortiert und anschließend wird die sich ergebende Gleichung integriert:

$\Leftrightarrow \quad \dfrac{dy}{y} = \dfrac{dx}{x+5}$

$\Leftrightarrow \quad \displaystyle\int \dfrac{dy}{y} = \int \dfrac{dx}{x+5}$

$\Leftrightarrow \quad \ln|y| = \ln|x+5| + c \quad | e\hat{\ }$

$\Leftrightarrow \quad |y| = e^{\ln|x+5|+c} \quad \Leftrightarrow \quad |y| = e^{\ln|x+5|} * e^c$

$\Leftrightarrow \quad |y| = |x+5| * e^c \quad \Leftrightarrow \quad y = \pm(x+5) * e^c$

e^c kann, da c frei aus $\mathbb{R}$ wählbar ist, alle Werte aus $\mathbb{R}^+$ annehmen. $\pm e^c$ kann somit alle Werte aus $\mathbb{R}$ ohne Null annehmen. Diese Konstante wird nun sinnvollerweise umbenannt:

$\pm e^c = k$

$\Rightarrow y = (x+5) * k$

Dieses ist die allgemeine Lösung der Differentialgleichung. Um die spezielle Lösung unter der gegebenen Anfangsbedingung zu ermitteln, muss die Anfangsbedingung in die Lösung eingesetzt werden. Somit ergibt sich für k bei der speziellen Lösung (für x 3 und für y -2 in die allgemeine Lösung einsetzen):

$\Leftrightarrow -2 = (3+5) * k$

$\Leftrightarrow k = -0{,}25$

Die spezielle Lösung lautet:

$y = -0{,}25(x+5)$

6.C $\quad y' - xe^x y = 0 \quad \Leftrightarrow \quad \dfrac{dy}{dx} = xe^x y$

$\Leftrightarrow \quad \dfrac{dy}{y} = xe^x dx$

$\Leftrightarrow \quad \displaystyle\int \dfrac{dy}{y} = \int xe^x dx$

Das hintere Integral muss mit der Regel für partielle Integration gelöst werden, es gilt:

$\int f'g = fg - \int fg'$

Es sei nun $f'(x) = e^x$ und $g(x) = x$, daraus folgt

$f(x) = e^x$ und $g'(x) = 1$

$\Rightarrow \int xe^x dx = xe^x - \int e^x dx = xe^x - e^x + c = (x-1)e^x + c$

Für die Lösung der Differentialgleichung ergibt sich somit:

$\ln|y| = (x-1)e^x + c \quad | e^{\wedge}$

$\Leftrightarrow |y| = e^{(x-1)e^x} e^c$

$\Leftrightarrow y = \pm e^{(x-1)e^x} e^c = e^{(x-1)e^x} * k$

Für die spezielle Lösung folgt (x=0 und y=e einsetzen):

$e = e^{(0-1)e^0} * k \Leftrightarrow e = e^{-1}k \quad | *e$

$\Leftrightarrow e^2 = k$

Somit lautet die spezielle Lösung:

$y = e^{(x-1)e^x} * e^2 = e^{(x-1)e^x + 2}$

6.D Hier kann die Formel zur Lösung von inhomogenen linearen Differentialgleichungen erster Ordnung benutzt werden. Diese lautet für Differentialgleichungen der folgenden Form:

$y' + p(x) * y = r(x)$

$y = e^{(-P(x) + P(x_0))} * \left(y_0 + \int_{x_0}^{x} r(t) * e^{(P(t) - P(x_0))} dt \right)$

Bei den Ausdrücken im Integral wurde x durch t ersetzt. Mit der angeführten Formel erhält man als Ergebnis direkt die spezielle Lösung. Alternativ kann man auch mit einer anderen, ewas einfacheren Formel zunächst die allgemeine Lösung und dann durch Einsetzen der Anfangsbedingung die spezielle Lösung ermitteln.

Die Differentialgleichung muss erst in die entsprechende Form gebracht werden:

$xy' + y = x^2 + 1 \quad |/x \quad \Leftrightarrow \quad y' + \frac{1}{x} y = \frac{x^2 + 1}{x}$

Der Term vor dem y ist p(x). Für P(x) ergibt sich somit:

$P(x) = \int p(x)dx = \int \frac{1}{x} dx = \ln(x)$ $\quad \Rightarrow P(t) = \ln(t)$

Da x > 0 gelten soll, braucht bei dem ln kein Betrag gebildet werden.

r(x) ist der Term auf der rechten Seite: $\frac{x^2+1}{x}$ $\Rightarrow r(t) = \frac{t^2+1}{t}$

Unter Berücksichtigung der Anfangsbedingungen ($x_0=3$, $y_0=0$) ergibt sich aus der Formel:

$$y = e^{(-\ln(x)+\ln(3))} * \left(0 + \int_3^X \frac{t^2+1}{t} * e^{(\ln(t)-\ln(3))} dt\right)$$

$$\Leftrightarrow y = e^{-\ln(x)} * e^{\ln(3)} * \int_3^X \frac{t^2+1}{t} * e^{\ln(t)} * e^{-\ln(3)} dt$$

$$\Leftrightarrow y = (e^{\ln(x)})^{-1} * 3 * \int_3^X \frac{t^2+1}{t} * |t| * (e^{\ln(3)})^{-1} dt$$

$$\Leftrightarrow y = 3x^{-1} * \int_3^X \frac{t^2+1}{t} * t * 3^{-1} dt$$

$$\Leftrightarrow y = x^{-1} * \int_3^X t^2 + 1 \, dx$$

$$\Leftrightarrow y = \pm x^{-1} * [\frac{1}{3}t^3 + t]_3^X$$

$$\Leftrightarrow y = x^{-1} * (\frac{1}{3}x^3 + x - (\frac{1}{3}3^3 + 3))$$

$$\Leftrightarrow y = \frac{1}{3}x^2 + 1 - 12x^{-1}$$

6.E $\quad \int \frac{Y'(t)}{Y(t)} dt = \int \frac{1}{8+3t} dt$.

Das linke Integral sieht komplizierter aus, als es ist, denn der gegebene Quotient ergibt sich gerade als Ableitung von $\ln|Y(t)|$. Die äußere Ableitung von $\ln|Y(t)|$ ist $1/Y(t)$ und die innere Ableitung $Y'(t)$. Das Integral auf der rechten Seite ergibt sich über den ln des Nenners. Die äußere Ableitung des ln ergibt den Nenner, die innere Ableitung von 3 wird duch die $\frac{1}{3}$ kompensiert.

$\Leftrightarrow \ln|Y(t)| = \frac{1}{3} \ln|8 + 3t| + c \;|e^{\char`\^}$

⇔ $|Y(t)| = e^{\frac{1}{3}\ln|8 + 3t|} + c$

Nun wird eine Rechenregel für Exonenten angewendet:

⇔ $|Y(t)| = \left(e^{\ln|8 + 3t|}\right)^{\frac{1}{3}} * e^c$

⇔ $Y(t) = \pm |8 + 3t|^{\frac{1}{3}} * e^c$

⇔ $Y(t) = k(8 + 3t)^{\frac{1}{3}}$ mit $k = \pm e^c$

Für die spezielle Lösung folgt nun:

$2 = k(8 + 3*0)^{\frac{1}{3}}$ ⇔ $2 = 2k$ ⇔ $k = 1$

⇒ $Y(t) = (8 + 3t)^{\frac{1}{3}}$

6.F $\dfrac{y' - e^x}{y} = 1$

Hier handelt es sich um eine inhomogene lineare Differentialgleichung erster Ordnung. Die Lösung wird wie bei Aufgabe 4.D mittels der Lösungsformel ermittelt:

⇔ $y' - e^x = y$ ⇔ $y' - y = e^x$

⇒ $p(x) = -1$ ⇒ $P(x) = -x$ $r(x) = e^x$

$y = e^x * (1 + \int_0^x e^t * e^{-t} dt)$

⇔ $y = e^x * (1 + \int_0^x 1 dt)$

⇔ $y = e^x * (1 + [t]_0^x)$

⇔ $y = e^x * (1 + x)$

6.G a) Entweder erkennt man die Lösung dieser einfachen Differentialgleichug sofort, oder man berechnet die Lösung. Schreibt man y statt f(x), lautet die Gleichung:

$y'(x) = -0{,}27\, y(x)$

⇔ $\dfrac{dy}{dx} = -0{,}27\, y$

⇔ $\dfrac{1}{y} dy = -0{,}27\, dx$

⇔ $\int \dfrac{1}{y} dy = \int -0{,}27\, dx$

$\Leftrightarrow \ln|y| = -0{,}27x + c$

$\Leftrightarrow |y| = e^{-0{,}27x + c}$

$\Leftrightarrow y = k\, e^{-0{,}27x}$

Mit der Anfangsbedingung y(0) = 3 ergibt sich:

$3 = k\, e^{-0{,}27 * 0}$

$\Leftrightarrow k = 3$

Es gilt also $f(x) = 3 * e^{-0{,}27x}$

Für f(10) ergibt sich:

$f(10) = 3 * e^{-0{,}27 * 10} = 3 * e^{-2{,}7} = 0{,}202$

b) $f'(x) = -0{,}27 * 3\, e^{-0{,}27x}$

$\Rightarrow -0{,}81\, e^{-0{,}27x} = -0{,}14$

$\Leftrightarrow e^{-0{,}27x} = 0{,}1728$

$\Leftrightarrow -0{,}27x = \ln(0{,}1728)$

$\Leftrightarrow x = 6{,}502$

7 Finanzmathematik

7.A Welche Alternative ist bei einem Zinssatz von 5% günstiger?
1. Sie erhalten sofort 1.000 EUR.
2. Sie erhalten sofort 400 EUR und nach Ablauf von einem sowie zwei Jahren erneut jeweils 400 EUR.

Begründen Sie Ihre Entscheidung.

7.B Auf einem Sparvertrag werden 15 Jahre lang 6.000 EUR jeweils zum Jahresende eingezahlt. Der vereinbarte Zinssatz beträgt 8,25% p.a. In den nachfolgenden 20 Jahren soll bei einem Zinssatz von 5,75% p.a. eine konstante, vorschüssige Jahresrente gezahlt werden. Wie hoch ist diese Jahresrente, wenn das angesparte Kapital vollständig verbraucht wird?

7.C Ein Arbeitnehmer möchte mit Eintritt in den Ruhestand für 20 Jahre eine vorschüssige Jahresrente von 6.000 EUR ausgezahlt bekommen. Das hierfür erforderliche Kapital soll im Lauf von 15 Jahren durch nachschüssig gezahlte Jahresbeträge angespart werden. Zu Beginn der Ansparperiode werden einmalig 10.000 EUR eingezahlt. Wie hoch sind die einzuzahlenden Jahresbeträge, wenn der Zinssatz während der gesamten Laufzeit 6% beträgt?

7.D Für die Rückzahlung einer zum 01.01.92 aufgenommenen Hypothek sind 15 vorschüssige Annuitäten R = 25.019,73 EUR vereinbart worden. Die erste Zahlung soll zum 01.01.95 erfolgen, der Zinssatz beträgt 8,25% p.a.

a) Wie hoch ist die Hypothek?

b) Durch welche Restzahlung könnte die Schuld per 31.12.2004 abgelöst werden?

7.E Zum 01.01.2005 wird ein Kredit über 50.000 EUR aufgenommen. Dieser Kredit soll am 01.01.2010 inkl. aller Zinsen zurückgezahlt werden. Wie hoch ist die Rückzahlung bei kontinuierlicher Verzinsung mit einem jährlichen Zinssatz von 4%?

7.F Der jährliche Zinssatz, mit dem ein Anfangskapital K_0 bei jährlicher Zinszahlung verzinst wird, beträgt 5%. Das Kapital, das sich entsprechend nach t Jahren mit Zinseszinsen ergibt, sei mit K_t bezeichnet. Bei welchem Zinssatz würde man bei kontinuierlicher Verzinsung bei demselben Anfangskapital K_0 nach t Jahren dasselbe Endkapital K_t erhalten?

Lösungsvorschläge zu 7:

7.A Hier berechnet man am einfachsten den Barwert. Denn für die erste Alternative sind die 1.000 EUR ja gerade der Barwert. Die Zahlungen der zweiten Alternative müssen abgezinst werden. Da es sich hier um sehr wenig Zahlungen handelt, kann man auch ohne Formeln arbeiten. Für den Barwert der zweiten Alternative ergibt sich:

$$B_2 = 400 + \frac{400}{1.05} + \frac{400}{1.05^2} = 1.143{,}76$$

Der Barwert der zweiten Alternative ist also deutlich höher, so dass diese vorzuziehen ist.

7.B Hier kann die Berechnung in zwei Schritten erfolgen. Zunächst kann der Endwert des Sparvertrages berechnet werden:

$$E_{Sp} = 6000 * \frac{1.0825^{15} - 1}{1.0825 - 1} = 16.611{,}7575$$

Dieses Kapital soll nun durch die Rentenzahlungen über 20 Jahre vollständig aufgebraucht werden. Somit stellt es den Barwert der Rentenzahlungen dar. Da die Renten vorschüssig gezahlt werden, ergibt sich:

$$B_{Re} = 166.117{,}575 = R * \frac{1}{1.0575^{19}} * \frac{1.0575^{20} - 1}{1.0575 - 1}$$

$\Leftrightarrow R = 13.418{,}77$ EUR

7.C Das nach 15 Jahren angesparte Kapital soll gerade 20 Jahre lang vorschüssige Zahlungen von jährlich 6.000 EUR ergeben. Hierfür werden einerseits 10.000 EUR angelegt und andererseits wird ein

Betrag X jährlich gespart. Somit ergibt sich für das Kapital nach 15 Jahren:

$$K_{15} = 10.000 * 1.06^{15} + X * \frac{1.06^{15} - 1}{1.06 - 1}$$

Dieses Kapital soll dann der Barwert von 20 vorschüssigen Raten über jeweils 6.000 EUR sein:

$$10.000 * 1.06^{15} + X * \frac{1.06^{15} - 1}{1.06 - 1} = 6.000 * \frac{1}{1.06^{19}} * \frac{1.06^{20} - 1}{1.06 - 1}$$

Diese Gleichung kann nun nach X aufgelöst werden:

$$X = (6.000 * \frac{1}{1.06^{19}} * \frac{1.06^{20} - 1}{1.06 - 1} - 10.000 * 1.06^{15}) * \frac{1.06 - 1}{1.06^{15} - 1}$$

$$\Leftrightarrow X = 2.104{,}45 \text{ EUR}$$

7.D a) Als Endwert ergibt sich für die 15 vorschüssigen Raten:

$$E = R \frac{q^n - 1}{q - 1} = 1{,}0825 * 25.019{,}73 \frac{1{,}0825^{15} - 1}{1{,}0825 - 1} = 749.850{,}79$$

Die Höhe der Hypothek ist der auf den 1.1.92 abgezinste Wert der Ratenzahlungen. Es muss also um **18 Jahre** abgezinst werden.

$$749.850{,}79 * \frac{1}{1{,}0825^{18}} = 180.000$$

Die Hypothek beträgt 180.000,- EUR.

b) Am 31.12.2004 stehen noch 5 vorschüssige Zahlungen aus. Gesucht ist der Barwert der restlichen Zahlungsreihe zum 31.12.2004.

$$B = R \frac{1}{q^n} \frac{q^n - 1}{q - 1}$$

$$= 1{,}0825 * 25.019{,}73 \frac{1}{1{,}0825^5} \frac{1{,}0825^5 - 1}{1{,}0825 - 1} = 107.429{,}18$$

Die Restzahlung müsste 107.429,18 EUR betragen.

7.E Bei einer kontinuierlichen (stetigen) Verzinsung ergibt sich der Endwert über die folgende Formel:

$$E = K_0 * e^{i*t}$$

Hierbei ist K_0 das Anfangskapital, i der Zinssatz und t die Zeit. Entsprechend ergibt sich:

$$E = 50.000 * e^{0,04*5} = 61.070,14$$

Die Rückzahlung beträgt also 61.070,14 EUR.

7.F In diesem Fall ist der Zinssatz für eine kontinuierliche Verzinsung gesucht, bei dem sich das gleiche Endkapital wie bei einer jährlichen Verzinsung mit 5% ergibt. Für den Endwert bei einer jährlichen Verzinsung mit 5% gilt:

$$E = K_0 * (1 + 0,05)^t = K_0 * 1,05^{\,t}$$

Für den Endwert bei der kontinuierlichen Verzinsung gilt:

$$E = K_0 * e^{i*t}$$

Hierbei ist i der Zinssatz der kontinuierlichen Verzinsung. Da beide Endwerte identisch sein sollen, muss gelten:

$$K_0 * 1,05^{\,t} = K_0 * e^{i*t} \mid /K_0$$

$$\Leftrightarrow 1,05^{\,t} = e^{i*t} \mid \ln$$

$$\Leftrightarrow \ln(1,05^{\,t}) = \ln(e^{i*t})$$

$$\Leftrightarrow t*\ln(1,05) = i*t \mid /t$$

$$\Leftrightarrow \ln(1,05) = i$$

$$\Leftrightarrow i = 0,04879 = 4,879\%$$

Bei einem Zinssatz von 4,879% entspricht somit die Verzinsung einer kontinuierlichen Verzinsung einer jährlichen Verzinsung mit 5%.

8 Aussagenlogik und Mengen

8.A Ermitteln Sie für die nachfolgenden Aussagen die Wahrheitswerte. Geben Sie auch an, falls es sich um Tautologien oder Kontradiktionen handelt.

a) $A \vee \overline{A} \Rightarrow B$

b) $A \wedge \overline{A} \Rightarrow B$

c) $A \vee \overline{A} \Rightarrow B \wedge \overline{B}$

d) $A \wedge B \Rightarrow A$

e) $(A \wedge B \Rightarrow C) \Leftrightarrow (\overline{C} \Rightarrow \overline{A} \vee \overline{B})$

8.B Gegeben sei die Menge M mit M = {0, {a, b}, c, d}. Untersuchen Sie, welche der folgenden Aussagen wahr bzw. falsch sind.

a) $c \in M$ b) $\{d\} \subset M$ c) $\{a, b\} \subset M$

d) $\{a, b\} \in M$ e) $\{\{a, b\}\} \subset M$ f) $\{0\} \in M$

g) $\{c, d, 0\} \subset M$ h) $\{a, 0\} \subset M$

8.C Gegeben seien die Mengen A, B, C mit

$A = \{x \in \mathbb{R} \mid x > -2 \wedge x \leq 1\}$

$B = \{x \in \mathbb{Z} \mid x < 4\}$

$C = \{x \in \mathbb{N} \mid x < 3\}$

Bestimmen Sie:

a) $A \cap B$ b) $A \cup B$ c) $A \cap C$

d) $C \setminus A$ e) $A \setminus C$

Lösungsvorschläge zu 8:

8.A Es ergeben sich folgende Wahrheitstafeln:

a)

A	B	$\overline{A}$	$A \vee \overline{A}$	$A \vee \overline{A} \Rightarrow B$
w	w	f	w	w
w	f	f	w	f
f	w	w	w	w
f	f	w	w	f

b)

A	B	$\overline{A}$	$A \wedge \overline{A}$	$A \wedge \overline{A} \Rightarrow B$
w	w	f	f	w
w	f	f	f	w
f	w	w	f	w
f	f	w	f	w

Die Aussage ist immer wahr, somit handelt es sich um eine Tautologie.

c)

A	B	$\overline{A}$	$\overline{B}$	$A \vee \overline{A}$	$B \wedge \overline{B}$	$A \vee \overline{A} \Rightarrow B \wedge \overline{B}$
w	w	f	f	w	f	f
w	f	f	w	w	f	f
f	w	w	f	w	f	f
f	f	w	w	w	f	f

Die Aussage ist immer falsch, somit handelt es sich um eine Kontradiktion.

d)

A	B	$A \wedge B$	$A \wedge B \Rightarrow A$
w	w	w	w
w	f	f	w
f	w	f	w
f	f	f	w

Die Aussage ist immer wahr, somit handelt es sich um eine Tautologie.

e)

A	B	C	$A \wedge B$	$A \wedge B \Rightarrow C$	$\overline{A}$	$\overline{B}$	$\overline{C}$	$\overline{A} \vee \overline{B}$	$\overline{C} \Rightarrow \overline{A} \vee \overline{B}$	$A \wedge B \Rightarrow C$ $\Leftrightarrow \overline{C} \Rightarrow \overline{A} \vee \overline{B}$
w	w	w	w	w	f	f	f	f	w	w
w	w	f	w	f	f	f	w	f	f	w
w	f	w	f	w	f	w	f	w	w	w
w	f	f	f	w	f	w	w	w	w	w
f	w	w	f	w	w	f	f	w	w	w
f	w	f	f	w	w	f	w	w	w	w
f	f	w	f	w	w	w	f	w	w	w
f	f	f	f	w	w	w	w	w	w	w

Die Aussage ist immer wahr, somit handelt es sich um eine Tautologie.

8.B

a) $c \in M$ wahr

b) $\{d\} \subset M$ wahr

c) $\{a, b\} \subset M$ falsch, die Menge $\{a, b\}$ ist ein Element der Menge M, aber keine Teilmenge

d) $\{a, b\} \in M$ wahr

e) $\{\{a, b\}\} \subset M$ wahr

f) $\{0\} \in M$ falsch

g) $\{c, d, 0\} \subset M$ wahr

h) $\{a, 0\} \subset M$ falsch, a ist kein Elemt von M und kann daher auch in keiner Teilmenge von M enthalten sein

8.C

Nachfolgend sind die Lösungen angeführt. (Für die Menge $\mathbb{N}$ wird hierbei die übliche Definition $\mathbb{N} = \{1, 2, 3, ...\}$ verwendet, die 0 ist also in $\mathbb{N}$ nicht enthalten.)

a) $A \cap B = \{-1, 0, 1\}$

b) $A \cup B = \{x \in \mathbb{R} \mid x > -2 \wedge x \leq 1\} \cup \{2, 3\}$

c) $A \cap C = \{1\}$

d) $C \setminus A = \{2\}$

e) $A \setminus C = \{x \in \mathbb{R} \mid x > -2 \wedge x < 1\}$

Oberstufenmathematik leicht gemacht

Band 1: Differential- und Integralrechnung
Band 2: Lineare Algebra/Analytische Geometrie

„D_a waren nämlich noch diese zwei grünen Bücher mit dem verheißungsvollen - oder zynischen? - Titel "Oberstufenmathematik leicht gemacht". Und was soll ich sagen - es war genau das, was ich gesucht hatte! Die verwendeten Begriffe waren die, die ich aus dem Unterricht kannte. Jedes Thema war langsam und verständlich aufgebaut und es schlossen sich Aufgaben an, deren Lösungsweg klar dargestellt war. Schade, daß ich das Buch noch nicht zu Anfang der 11. hatte! Aber ihr habt ja noch genug Zeit, euch mit dem wohl meistgehassten Fach zu versöhnen. Mathe nicht zu mögen, ist jedenfalls kein Grund, Mathe nicht zu verstehen!"

Quelle: Sabine Storm in Stachelschwein, Jugendmagazin am Gymnasium Laurentianum zu Arnsberg., 1999

„D_{as} Lernen mit diesem Buch fällt auch deswegen leicht, weil es den Leser nicht mit Tausenden von Spezialfällen und spitzfindigen Rechentricks verwirrt, sondern sich auf das Grundsätzliche und Wesentliche (im wahrsten Sinne des Wortes) beschränkt. Wer dieses Buch gelesen hat, wird zwar nicht gleich ein Einstein werden, zumindest aber das Wesen und das Prinzipielle der Differential- und Integralrechnung kennen und vielleicht verstanden haben."

Quelle: Fehlanzeiger 2/98 Schülerzeitung der IGS Mühlenberg

„D_{er} Autor ist bemüht, sein Buch so zu gestalten, daß es von Schülern wirklich verstanden werden kann. So wird auch der Stoff, der für die Lösung der Aufgaben dieses Buches benötigt wird, im Buch und in einem umfangreichen Anhang über alle wichtigen Rechenregeln (z.B. Bruchrechenregeln, Logarithmen, verschiedene Gleichungen etc.) kurz beschrieben. Ich kann das Buch anderen Schülern empfehlen. Mir hat es gut gefallen und es war mir auch bei den Hausaufgaben der 13. Klasse eine Hilfe."

Quelle: Frank Eichinger in Impulz: Jugendmagazin der FWS Hannover-Maschsee Nr. 58, November 1997

www.pd-verlag.de

Oberstufenmathematik leicht gemacht
Band 1: Differential- und Integralrechnung, 6. Aufl., 270 S., ISBN 978-3-86707-166-6
Band 2: Lineare Algebra/Analytische Geometrie, 4. Aufl., 318 S., ISBN 978-3-86707-264-9

"Ein übersichtliches und klares Werk, überzeugend durch recht ausführliche Erläuterungen und andererseits den Mut zur inhaltlichen Beschränkung."

Besprechung der Einkaufszentrale für öffentliche Bibliotheken

Index

A
abelsche Gruppe	38
Ableitung	105
Ableitungsmatrix	171
adjungierte Matrix	22, 42
allgemeine Lösung	176
Anfangsbedingung	175
Annuität	182
Assoziativgesetz	11
Aussagen	186

B
Barwert	183
Basis	28, 29, 30, 35, 37, 41
Basisvektor	35
Betrag	98
bijektiv	106, 107

C
charakteristischer Quotient	74, 75

D
Deckungsbeitrag	114
definit	154
Definitionsbereich	118
Definitionsmenge	108, 111, 115, 131, 137
Determinante (det)	22, 25, 27, 35, 42, 48, 50, 54, 56
Differential	169
Differentialgleichung	175, 176, 178
differenzierbar	105
Dimension	28, 29, 30, 36, 37, 41
divergent	92
Doppelintegral	173
Dreiecksform	57
Durchschnittsertrag	113, 119

E
e-Funktion	144
Eigenvektoren	84, 86
Eigenwerte	84
Einheitsmatrix	13, 22
Elastizitätsfunktion	175
Endwert	184, 185
erweiterte Koeffizienten-Matrix	59
explizite Matrixdefinition	9
Extremwerte	113, 115, 118, 150, 151, 158

F
Falkschen-Schema	10
Fläche	131, 139
Folgen	92

G
Gauß-Algorithmus	52, 53, 57, 58, 65, 161, 164
Geradengleichung	62
Gewinnfunktion	153
Gleichungssystem	37, 57, 68
globales Extremum	116, 150
grad	168
Gradient	147, 148, 149, 150, 155
Grenzkostenfunktion	132
Grenzproduktivität	113, 119
Grenzwerte	96, 98, 99, 100, 108, 144
Grenzwertsätze	98
Gruppe	38

H
Häufungspunkt	92, 93
Hauptdiagonale	45
Hauptnenner	93, 95
Hesse-Matrix	150, 152, 154, 156
Hochpunkt	116, 117, 128, 162
homogen	145, 146
homogenes Gleichungssystem	26, 86
Homogenitätsgrad	145

I

inhomogene Differentialgleichung	175, 176
injektiv	106, 107, 111
Integral	130, 133, 178
Integralfunktion	113
Integrationskonstante	176
Inverse	22, 42, 44, 48, 51
inverses Element	38
invertierbar	19, 45
invertieren	42

K

Kapazitätsbeschränkung	73
Kettenregel	137, 170
klassifizieren von Extrema	113
Koeffizientenmatrix	26
Körper	29
kommutativ	18, 38
Konsumentenrente	131, 142
kontinuierliche Verzinsung	182, 183
Kontradiktion	186, 187
konvergent	92, 93, 94
Konvergenz	92
Kostenfunktion	132

L

l'Hospital	97, 98, 100, 103, 109, 144
Lagrange-Ansatz	157, 158
Lagrangefunktion	159, 162, 163
Lagrangeparameter	159
Laplacer-Entwicklungssatz	55
linear abhängig	24, 30, 71
linear unabhängig	35, 70
lineare Abhängigkeit	41
lineare Optimierung	72
lineares Gleichungssystem	57
Linearkombination	24, 28, 36, 37
Lösbarkeitsbedingung für LGS	65
Lösungsmenge	62
lokale Extrema	113

M

Matrix der 2. partiellen Ableitungen	152
Matrizen	9, 13, 37, 60
Matrizengleichung	16, 20
Matrizenprodukt	10, 20
Maximierungsproblem	72
Maximum	117, 118, 119, 126, 153, 154
mehrdimensionale Kettenregel	170, 172
Mengen	186
Minimum	117, 153
mögliche Extremstelle	154
monoton steigend	123
Monotoniebereiche	115, 128

N

Nebendiagonale	45
negativ definit	153, 154
neutrales Element	38
nichtsingulär	19
nilpotent	68
Nullfolge	94
Nulllösung	26
Nullstellen	68, 115, 117, 118, 120
Nullvektor	38, 39
Nutzenfunktion	166

P

partielle Ableitung	151, 154, 159, 169
partielle Integration	135, 143
Pivospalte	74
Pivotelement	75
Pivotspalte	76, 81, 82
Pivotzeile	75, 82
Polstelle	99
Polynomdivision	98
positiv definit	153
pq-Formel	85, 88
Produktionsfaktoren	158, 168
Produktregel	119, 120, 135, 148
Produzentenrente	114
Punkt-Richtungsform	62

Q

quadratische Ergänzung	48, 116
quadratische Gleichung	48, 85
Quotientenregel	108, 148

R

Randextrema	115, 118, 123
Rang	26, 36, 42, 43, 50, 53, 54, 66
Rauminhalt	173
Regel von l'Hospital	98
reguläre Matrix	52
Reihe	92, 95
Richtungsvektor	62

S

Sattelpunkt	120, 151
Simplexalgorithmus	73
singuläre Matrix	42, 43, 52, 55, 68, 71
Skalarmultiplikation	31
Spaltenvektor	25
spezielle Lösung	176
Stammfunktion	130, 132, 134, 137
stationäre Stellen	158, 165, 167
stetig	105, 110
stetige Verzinsung	185
Substitution	132, 133, 135, 136, 142
surjektiv	106, 107
symmetrische Matrix	16

T

Tautologie	186, 187
Teilmenge	188
Tiefpunkt	117, 120, 124, 162
totales Differential	168
transponiert	21
Transposition	18

U

Umkehrfunktion	105, 134
unbeschränkt	92
unterbestimmte Gleichungssysteme	59
Unterdeterminante	22
Unterraum	40

V

Vektoren	36
Vektorgleichung	26, 59
Vektorraum	28, 29, 31, 36
Vektorraumaxiome	38
Vorzeichenschema	22
Vorzeichenwechsel	120, 128

W

Wahrheitstafel	187
Wahrheitswerte	186
Wertemenge	111
Wurzel	112

Z

Zeilen-Stufen-Form	60, 65
Zeilenumformungen	46
Zeilenvektor	25
Zielfunktion	72, 78
zweifach unterbestimmtes LGS	64,